Сергей Козлов

Глубинная парадигма - альтернативная реальность генезиса углеводородов

AF138236

Сергей Козлов

Глубинная парадигма - альтернативная реальность генезиса углеводородов

Цикл статей к абиогенному портрету нефти

LAP LAMBERT Academic Publishing

Impressum / **Выходные данные**

Bibliografische Information der Deutschen Nationalbibliothek: Die Deutsche Nationalbibliothek verzeichnet diese Publikation in der Deutschen Nationalbibliografie; detaillierte bibliografische Daten sind im Internet über http://dnb.d-nb.de abrufbar.

Библиографическая информация, изданная Немецкой Национальной Библиотекой. Немецкая Национальная Библиотека включает данную публикацию в Немецкий Книжный Каталог; с подробными библиографическими данными можно ознакомиться в Интернете по адресу http://dnb.d-nb.de.

Coverbild / Изображение на обложке предоставлено: www.ingimage.com

Verlag / Издатель:
LAP LAMBERT Academic Publishing
ist ein Imprint der / является торговой маркой
OmniScriptum GmbH & Co. KG
Heinrich-Böcking-Str. 6-8, 66121 Saarbrücken, Deutschland / Германия
Email / электронная почта: info@lap-publishing.com

Herstellung: siehe letzte Seite /
Напечатано: см. последнюю страницу
ISBN: 978-3-659-63197-9

Содержание

1

Введение

На календаре 2014 год. Как и много лет назад практика нефтегазопоисковых работ идет на шаг впереди теории и накапливает новые факты о глубинных горизонтах поиска, о тех Земных слоях, куда достигает долото, направляемое пытливыми геологами. Основные базисные положения осадочно-миграционного происхождения нефти, под напором все тех же фактов, дали множество трещин, но главное учение продолжает уже больше по инерции оставаться главенствующим, на основании которого открываются (или чаще не открываются) новые месторождения углеводородов. Факты успешности поисков месторождений в большинстве нефтегазовых компаний как были полвека назад менее 50%, так и остаются сегодня таковыми за редким исключением, т. е. новые геологические данные, мягко говоря, просто игнорируются. Российская нефтяная наука не исключение. Для преодоления кризиса на базе Центральной геофизической экспедиции г. Москва создана организующая площадка для сторонников глубинного генезиса нефти и газа. Сформулирована задача максимум: в 2016 году выйти на современный вариант теории глубинного, абиогенно-мантийного происхождения нефти. Это не есть подмена одной теории другой, это есть естественный эволюционный по времени, но революционный по содержанию процесс создания научной основы для реализации программы по поискам глубинной нефти. Сообществом различных специалистов накоплен и обобщен громадный фактический материал по глубинной парадигме нафтидов. Поэтому для всех заинтересованных коллег можно рекомендовать знакомство с электронными материалами прошедших трех Кудрявцевских чтений на сайте «Глубинная нефть». Отдельные части представленной работы публиковались в рамках Кудрявцевских Чтений, в виде тезисов и в электронном журнале «Глубинная нефть». Цикл статей рассчитан, прежде всего, на пытливых и сомневающихся специалистов, потому как сомнения порождают поиск. А там недалеко и до интересных открытий.

Выражаю глубокую благодарность всем коллегам и единомышленникам, кто так или иначе помогли мне и словом, и делом, чтобы книга увидела свет.

1. О роли гидротермобарического барьера в эволюции газовых гидратов для условий океанической коры или «гидратное перемирие» в происхождении нефти и газа.

Трудную и интересную задачу задала природа, если на протяжении почти трех веков в научных кругах появляются и обсуждаются концепции происхождения нефти и газа. В этой жидкой и газообразной углеводородной цепочке в силу своего широкого распространения в последней четверти 20 века достойное место заняли газогидратные отложения. Таким образом, природа, меняя концентрацию углеводородов (УВ) от «следов», до значительных объемов в виде местоскоплений выстроила стройную триаду: газ, жидкость, твердое вещество под общим названием - месторождения углеводородов. Сегодня запасы углеводородного сырья в газогидратном виде (в основном метана, этана, пропана) и неуглеводородного сырья также в газогидратном состоянии (это чаще азот, сероводород, углекислый газ) оцениваются как ~ $2*10^{16}$ м^3 , что заметно превышает запасы топлива на Земле во всех остальных видах, вместе взятых [1]. Только факты:

• На сегодня в мире открыто более 500 месторождений и нефтегазопроявлений ниже осадочного чехла в породах фундамента, где сосредоточено около 15% доказанных запасов нефти. На известных месторождениях (Белый тигр, Хасси-Мессауд и т.д.) продуктивные толщи представлены породами различного возраста и состава. В первом случае это мезозойские гранитоиды, во втором – кембрийские кварцитопесчаники. Мощность продуктивной зоны на месторождении Белый Тигр в гранитах составляет более 1600 метров! [2].

• Более детальный анализ показывает, что границы крупных и уникальных месторождений в породах фундамента и осадочного чехла обусловлены крупными деформациями земной коры. А приуроченность их к определенному резервуару, это заслуга емкостных характеристик пород, благоприятных тектонических условий и действия множества других факторов [3].

• Химический состав нефти по регионам сильно отличается в зависимости от места нахождения. Такое разнообразие физико-химических свойств нефти трудно объяснить только стадиями диагенеза органического вещества при однотипном практически исходном органическом веществе (ОВ) сапропелевого состава. Тем более что воспроизвести на сегодня весь биогенный цикл синтеза нефти из ОВ никто не смог ни теоретически, ни экспериментально.

• Выводы, сделанные В.В. Поспеловым в работе [4], достойны того, чтобы их в тезисной форме привести практически полностью: нефтегазоносность фундамента отмечается в платформенных областях и в межгорных впадинах. Гидродинамическая связь залежей фундамента и чехла присуща большинству известных месторождений. Практически все открытые месторождения УВ связаны с зонами региональных несогласий и приурочены к погребенным положительным структурам (выступам), расположены вблизи разломных дислокаций, где выражена неотектоническая активность. Преимущественно в породах фундамента содержатся нефтяные залежи, часто недонасыщенные газом. На долю чисто газовых залежей приходится менее 10%.

• Ученые института физики высоких давлений РАН в г. Троицке (2011г.) провели ряд экспериментов с использованием воды, известняка и окиси двухвалентного железа. Платиновую ампулу с данной смесью помещали в камеру, где создавалось давление 50 тыс. атмосфер и температура свыше 1000°C, т.е. условия в верхней мантии на глубинах 100-150км. Хроматографический анализ показал наличие широкого спектра углеводородов C_1-C_7. Последующие опыты показали, чем продолжительнее период охлаждения вещества, тем больше в нем тяжелых углеводородов. Таким образом, такой показатель как геологическое время генерации УВ в осадочно-миграционной модели приобретает реальные временные очертания продолжительности процесса в абиогенной модели генезиса УВ. Чуть ранее исследователи Вашингтонского института Карнеги (2009г) провели уникальный эксперимент с использованием алмазных наковален, выдерживающих огромные давления. Геофизики создали условия соответствующим верхним слоям мантии вблизи нижней границы земной коры (давление в 20 тысяч атмосфер и температура в диапазоне от 700 до 1500 градусов Цельсия), поместив внутрь рабочей области наковальни метан. Изучив спектральный состав углеводородов после эксперимента исследователи обнаружили, что в рабочей области наковальни образовались более тяжелые углеводороды - этан, пропан и бутан, а так же водород и углерод.

• Природный крекинг УВ, это прежде всего химический процесс, при котором конкурируют реакции разложения с реакциями синтеза. Направление реакции зависит от следующих главных факторов: исходного вещества, температуры, давления, продолжительности процесса, наличие природных катализаторов. Известно также, что скорость любой химической реакции увеличивается с повышением температуры. Установлено, что выше критической температуры вещество представляет собой газ, который не превращается в жидкость при любом давлении. При критических температурах менее 190-420°C для (метановых или парафиновых углеводородов – алканов, основной составной части всех нефтей) фракций C_5-C_{15} идет конденсация жидких фракций в последовательности от тяжелых до легких УВ нефтяного ряда.

• Если имеются некие пограничные термобарические условия, отвечающие такой области устойчивости, то гидратные отложения при достаточном количестве газа и воды рано или поздно образуются. Вместе с тем, разложение гидратов обычно происходит более легко, чем образование. Разложение происходит не сразу, и гидраты могут храниться очень большое время за счет эффекта самоконсервации. При достижении критических условий в местоскоплении газовых гидратов (ГГ), в первую очередь температуры, начинается обвальный процесс разложения газогидратов.

• Более того, как указывает Тимурзиев А.И. в работе [5], газогидратные поля, формирующиеся сегодня на основе концентрированных форм разгрузки метана на дне океана, представляют собой выходы естественных «газопроводов», подключившись к которым, мы приобретаем неисчерпаемый источник УВ. Учитывая, что эти громадные ресурсы УВ имеют четвертичный возраст, в сфере технологических решений встает вопрос о возобновляемых ресурсах УВ и традиционных месторождений.

Вывод первый. В эволюции океанической коры в силу ряда особенностей практически все гидратообразующие компоненты проходят через обязательную временную консервацию, которая может продолжаться многие миллионы лет. Мощность осадочного слоя океанической коры изменяется от нескольких метров до 2-4 км в Северном Ледовитом океане и, как правило, нарастает в сторону континентов. Как правильно отметил Анатолий Нестеров, процесс гидратообразования служит как бы геохимическим барьером на пути выброса тепличного газа, в частности метана, в атмосферу. Важные следствия по геологическому разрезу возникают при разложении газогидратных отложений. Известно, что при разложении 1м³ ГГ выделяется около 0.8 м³ воды. Причем минерализация этой воды приближается к пресной. В связи с этим, по разрезу должна возникать гидрохимическая инверсия или реликтовые поля, чем ближе к ядру газогидратной залежи, тем меньше растворенных солей должно быть в подземных водах. Условия образования и разрушения газогидратной залежи (ГЗ) находятся из соотношения Р-Т условий. Термобарические условия при образовании ГЗ, в свою очередь, есть функция глубины водного бассейна. Температура придонных осадков, как показывает палеореконструкция, находиться в интервале от 0 до $+5^0$С. Давление определяется весом столба жидкости морского (про) бассейна средней минерализацией 30 г/л плотностью 1022 кг/м³. Для данных условий выполнена палеотермобарическая реконструкция образования газовых гидратов с определением верхнего интервала современных глубин (палеоглубин) в придонных отложениях с учетом поступления газа и наличия свободной воды [6].

На примере равновесных параметров гидратообразования азота определена глубина моря соответствующая данному интервалу температур. Получены следующие данные. При глубине моря более 2590 м гидраты образуются всегда. При глубине моря менее 1420 м гидраты не образуются. Азот в последнем случае растворяется в воде и дегазируется частично в атмосферу.

При достижении некоторой критической температуры (палеотемпературы-Тп) с учетом палеогеотермического градиента (ПГГ) в толще осадочных пород начинается этап разрушения погребенной ГЗ.

Тп. =Тн.с. + Нг.п.* ПГГ (1),

где Тп. – палеотемпература на глубине Н, ^{0}С;

Тн.с. – температура нейтрального слоя, ^{0}С;

Нг.п.- мощность перекрывающих горных пород (осадков), м;

ПГГ - палеогеотермический градиент, ^{0}С/1м;

Тпгз - палеотемпература образования ГЗ, ^{0}С;

В расчетах принимаем значение палеогеотермического градиента 0,020-0,025 ^{0}С/1м. Температура нейтрального слоя равна палеотемпературе образования ГЗ. Тогда решая выражение (1) относительно мощности перекрывающих горных пород получим следующую формулу:

Нг.п. = (Тп. – Тпгз)/ ПГГ (2).

Обозначив разность (Тп.–Тпгз)=ΔТ - необходимый прирост температуры, при которой ГЗ входит в зону метастабильного состояния с учетом равновесных параметров гидратообразования индивидуальных компонентов природного газа. Тогда окончательное выражение:

Нг.п. = ΔТ/ ПГГ (3).

Как следует из расчетов для *азота* при палеогеотермическом градиенте равном 0,02-0,025 ^{0}С/1м ГЗ попадает в зону разрушения при достижении мощности перекрывающих пород 50-300 м.

Подобные расчеты выполнены для метана, этана, пропана, изобутана, сероводорода и двуокиси углерода. Результаты расчетов отражены на диаграмме (рис.1).

Метан - самый распространенный углеводородный газ. Равновесная кривая параметров гидратообразования метана существенно отличается по Р-Т условиям от азота. Прежде всего, указанным критическим условиям соответствуют более малые глубины водного бассейна 245-500 метров.

Мощность осадочных горных пород, при которой начинается разрушение ГЗ составляет 240-500 метров.

Образование ГГ Глубина моря, м	Азот	Метан	Двуокись углерода	Этан	Пропан	Изобутан	Сероводород		Разрушение ГГ Мощность горных пород, м	Время накопления горных пород (оценочно, Pz, Прикамье), млн. лет
0									3000	300
100									2900	290
200					20-50	10-20	10-20		2800	280
300				50-100					2700	270
400		245-500	145-195						2600	260
500									2500	250
600									2400	240
700									2300	230
800									2200	220
900									2100	210
1000									2000	200
1100									1900	190
1200									1800	180
1300									1700	170
1400									1600	160
1500									1500	150
1600									1400	140
1700									1300	130
1800									1200	120
1900	1420-2590								1100	110
2000									1000	100
2100									900	90
2200									800	80
2300							1400-1700		700	70
2400									600	60
2500									500	50
2600									400	40
2700									300	30
2800	50-300								200	20
2900		240-500	400-550	600-800	200-250	100-150			100	10
3000									0	0

Температура придонных осадков, 5°С
Температура придонных осадков, 0°С
Средняя глубина моря (образование ГГ) для гомологов метана
Средняя мощность горных пород (разрушение ГГ) для гомологов метана
Геотермический градиент 2.5°С/100м
Геотермический градиент 2°С/100м

Условия существования газовой фазы								
Температура	t>14°C	t>26°C	t>11-13°C	t>14-15°C	t>5°C	t>3°C	t>33°C	Температура
Давление	P>70МПа	P>70МПа	P>5-70МПа	P>0,5-70МПа	P>1МПа	P>1МПа	P>15МПа	Давление

Рис. 1. Диаграмма образования и разрушения газовых гидратов основных компонентов природного газа при температуре 0+5 °С в зависимости от глубины моря и мощности осадочных горных пород.

Этан переходит в гидратное состояние при глубинах морского бассейна 50-100 метров. При температурах более 15-16 °С гидраты не образуются. Такая температура соответствует накопившейся мощности осадочных пород более 600-800 метров.

Пропан. При температуре более 5 0С и любом реальном давлении газогидратные отложения существовать не могут. При температуре менее 5 0С пропан связывается в газогидратное состояние, что соответствует глубине водного бассейна 20-50 метров. При достижении мощности осадков 200-250 метров пропановая газогидратная залежь переходит в газовую фракцию.

8

Изобутан. При температуре более 3 ^{0}C и любом реальном давлении газогидратные отложения существовать не могут. При температуре менее 3 ^{0}C пропан связывается в газогидратное состояние, что соответствует глубине водного бассейна 10-20 метров и более. При достижении мощности осадков 100-150 метров изобутановая газогидратная залежь переходит в газовую фракцию.

Двуокись углерода переходит в гидратное состояние при глубинах морского бассейна 145-195 метров и более. При температурах более 15-16 ^{0}C гидраты не образуются. Такая температура соответствует накопившейся мощности осадочных пород более 400-550 метров.

Сероводород. Распространенный индикатор среди не углеводородных газов. Равновесная кривая гидратообразования сероводорода аномально отличается от других газов. Для начала образования ГЗ в интервале температур от 0 до 15^{0}C достаточно глубины моря 10 -50 метров, т.е. самое мелководье. Если после образования ГЗ с большим содержанием сероводорода происходит подъем территории, то ГЗ разрушается с выделением сероводорода в атмосферу или в силу высокой растворимости данного газа в воде происходит сероводородное заражение воды.

Если после образования ГЗ идет очень длительное опускание территории с накоплением значительной мощности осадочных горных пород мощностью более 1400-1700м (температура более 33 ^{0}C) идет разложение ГЗ. Общее равномерное опускание территории приводит к тому, что при достижении мощности осадочных пород около 500 метров в протобассейне возникает некая последовательность разложения гидратообразующих компонентов природного газа: сначала в газовую фазу переходит азот. Потом в газовую фазу переходит пропан-бутановоя фракция, далее самый распространенный газ - метан, потом – двуокись углерода. В последнюю очередь из гомологов метана идет разложение этана.

Самым устойчивым в представленном ряду является сероводород. Понятно, что представленная схема отражает общие тенденции в условиях равномерного опускания территории. Согласно данной последовательности разложения ГЗ возникают как следствия вариации по химическому составу нефтяного и природного газа по месторождениям УВ. В первую очередь это касается содержания азота и сероводорода. Для азота индикативной характеристикой образования ГЗ является глубина водного бассейна, для сероводорода разрушение ГЗ определяет мощность горных пород. Таким образом, факторами нефтегазоносности, или движущими силами и условиями контролирующие процессы формирования - разрушения ГЗ выступают тектонические критерии определяющие неравномерность подъема и опускания территории, а также литологические - определяющие характеристики покрышки и коллектора. Если мощность флюидопора недостаточна или сплошность ее нарушена, то идет разрушение и дегазация УВ.

Вывод второй. Появление жидкой фракции является важным и достаточным условием в генезисе УВ. На глубинах 10-20 км в земной коре, исходя из критических параметров, в первую очередь температуры, уже могут существовать жидкая и паровая фазы УВ. Это, в первую очередь, пентан-гексановая фракция. Известно также, что в области высоких давлений жидкости становятся более летучими. Глубинные разломы и зоны разуплотнения рассматриваются многими исследователями как проводящие каналы дегазации мантии, по которым газовые струи мигрируют через глубокие части земной коры с последующим вертикальным и отчасти латеральным проникновением в приразломные поднятия. При разгрузке флюидов в пределах океанического дна образуются ГГ. Зародившаяся придонная газогидратная залежь как «гриб» разрастается по площади и толщине до масштабов будущих месторождений и более. Поступающие новые порции флюидов в т.ч. по диффузной схеме увеличивают объем и создают площадной характер распространения ГГ. На определенном этапе сами газогидратные отложения, начинают выполнять роль локальной покрышки, препятствуя в первую очередь вертикальной миграции жидких и газообразных УВ. Так возникает газогидратная залежь, сохранность которой заложена в свойствах газогидратных отложений, выполняющих функцию покрышки, а условия консервации обеспечиваются текущими Р-Т условиями. Скорость накопления гидратных отложений, в залежи по данной схеме довольно высокая. Представляется, что ресурсы УВ 1 млрд. м^3 по газу формируются по геологическим меркам за небольшой промежуток времени 1000-10000 лет. Для сравнения, за указанное время накапливаются первые сантиметры осадочных горных пород, которые при такой мощности не могут выполнять роль надежной покрышки. При достижении метастабильных условий полигидратные отложения высвобождаются из «клетки» и продукты разложения, в газоструйном состоянии создав давление, превышающее иногда горное, мигрируют и подпитывают будущие залежи УВ [7].

2. Газогидратный способ утилизации нефтяного и природного газа.

Предложенная технология, известная в научных кругах на отечественном уровне в качестве действующих проектов, к сожалению, никак не реализована.

Предлагаемая технология предусматривает способ утилизации нефтяного (природного газа) путем перевода его в гидратное состояние, в котором «гидратный куб» храниться и транспортируется до потребителя газа. В конечной точке изменение термобарических условий приводит к тому, что «гидратный куб» разлагается на газ и воду. Технология предполагает несколько циклов и основывается на свойствах различных газов переходить в гидратное состояние при различных Р-Т условиях.

В нулевом цикле при наличии в газе кислых компонентов известными методами удаляются сероводород и углекислый газы.

В первом цикле газовая смесь как «гость», проходящая через технологический «гидратный куб», в котором затворен раствор «хозяина», (например: конденсата или глинистого раствора с водой), заключенного в ячеистую структуру, где при заданных термобарических условиях переходят в гидратное состояние пропан-бутан-гексановая фракция. Далее газовая фаза переходит во второй технологический цикл. Здесь из газовой фазы в гидратное состояние переходит метан. В третьем блоке в гидратное состояние переходит этан. В четвертый блок поступают не углеводородные газы: гелий, водород, азот. При необходимости, когда не требуется разделения смеси на фракции, циклы с нулевого по третий, можно объединить в единый цикл или другие возможные комбинации.

Таким образом, в предложенном технологическом цикле практически реализуется несколько химико-технологических процессов.

1. Утилизация нефтяного (природного) газа.

2. Разделение смеси газа на углеводородные и не углеводородные составляющие на четыре большие фракции:

- Метановая;
- Этановая;
- Пропан-гексан-бутановая;
- Азотная.

Процесс утилизации нефтяного газа в отличие от стандартного - непрерывного, становится дискретным - прерывным: поступление газового сырья в технологические «гидратные кубы» до полного заполнения, переключение газового потока на резервные кубы, хранение, транспортировка продукции до потребителя.

Данная технология особенно актуальна при разработке малых нефтяных месторождений вдали от газовых коммуникаций, где другие известные технологии не всегда экономичны. Так для условий Пермского края на сегодня имеется около двадцати недропользователей, разрабатывающих несколько десятков малых и средних нефтяных месторождений, где вопросы использования попутного газа не всегда решены. При оценке ресурсов газа одного среднего малого месторождения, на котором добывается 50-100т нефти в сутки при газовом факторе 50-250м^3/т, количество растворенного газа составит 2.5-25.0 тыс. м^3 газа в сутки. Содержание углеводородных газов по большинству разрабатываемых месторождений в смеси составляет около 80-90об. %. В западном направлении края в газовой смеси закономерно возрастает содержание азота до 50-60 об. %. [8].

Еще ряд цифр. При испарении пропан-бутановой смеси в жидком состоянии объемом 1 м^3 в паровое (газообразное) состояние испаряется около 275 м^3 газа. При разложении «гидратного куба» такого же объема выделяется по разным оценкам около 150-180 м^3 газа, т.е. количество выделения газовой составляющей из равных эффективных объемов, находятся в соотношении одного порядка, примерно 2:1.

Разложение гидратов обычно происходит более легко, чем образование, но в случае гидратов углеводородов при температурах ниже 0 °C в области относительно невысоких давлений, где они метастабильны, разложение происходит не сразу и гидраты могут храниться долгие годы за счет эффекта самоконсервации.

Газовые гидраты являются единственным пока широко не разрабатываемым источником природного газа на Земле, который может составить реальную конкуренцию традиционным месторождениям. Значительные потенциальные ресурсы газа в гидратных залежах надолго обеспечат человечество высококачественным энергетическим сырьем. При современном уровне потребления энергии, даже если мы сможем использовать только 10% ресурсов газогидратов, мир будет обеспечен высококачественным сырьем для экологически чистой выработки энергии на 200 лет. Приоритет в открытии природных газовых гидратов принадлежит российским ученым.

Природа подсказывает, что процессы газогидратообразования могут быть широко использованы в различных отраслях человеческой деятельности, в частности для хранения больших объемов газа, в технологиях очистки и разделения газов, бескомпрессорном создании высоких давлений. Выдвинуты также идеи о захоронении парниковых и токсичных газов в форме газогидратов на дне Мирового океана с целью оздоровления экологической ситуации на Земле. Газовые гидраты используют при опреснении морской воды, хранении газов в виде гидратов, разделении многокомпонентных газовых и жидких смесей, при транспорте природного газа в виде гидратной пульпы, для ликвидации туманов. Свойства природного газа в определенных условиях образовывать твердые соединения активно используются в сфере новых технологий. Норвежские исследователи, например, разработали технологию преобразования природного газа в газогидрат, позволяющую транспортировать его без использования трубопроводов и хранить в наземных хранилищах при нормальном давлении (газ при этом преобразуют в замороженный гидрат и смешивают с охлажденной нефтью до консистенции жидкой глины).

Исследование газовых гидратов считается на сегодняшний день наиболее перспективным технологическим направлением газовой промышленности. Оно подразумевает вывод газовых технологий на принципиально новый качественный уровень за счет привлечения научно-технических достижений из разных областей науки.

3. Глубинная геодинамика и природные процессы миграции УВ в условиях мантии и земной коры.

Глубинные оболочки Земли, несмотря на новейшие данные геофизики, в частности сейсмотомографии, продолжают оставаться интересной проблемой геологии. И на то есть причины. Наиболее известные современные модели мантийной конвекции по причинам течения вещества опираются на термохимическую и тепловую модели. В своей работе В.Д. Котелкин, Л.И. Лобковский констатируют, что в процессе конвективного движения вещество нижней мантии на контакте с ядром разделяется на тяжелую и легкую части. При этом легкая накапливается в подошве мантии, создавая гравитационный потенциал для подъема нижнемантийного вещества, а тяжелая фракция движется к ядру Земли [9].

Очень подробный обзор в области глубинной геодинамики сделан Хаиным В.Е. Вот только одна выдержка из публикации: «Можно констатировать, что, несмотря на достигнутые, порой впечатляющие успехи, многие стороны глубинной геодинамики остаются предметом дискуссий» [10].

В современной физике уравнением динамики описывается только три вида энергии: потенциальная, кинетическая и диссипации. Конечно, нет запрета на другие виды энергии, например: взрывной. С другой стороны мы помним, что форма энергии определяется формой движения, например: механическая, гидравлическая, тепловая, электромагнитная, ядерная и т. д. В каждой форме движения имеются одни и те же виды энергии. Энергия эта мера движения. Поэтому при одной и той же форме движения корректней говорить о формах и о видах энергообмена. Из рассмотренных характеристик земных процессов, как констатирует Т.К. Злобин ясно, что, несмотря на гигантскую энергию циклонов, вулканов и землетрясений, гравитационная энергия Земли и энергия ее вращения на 11-14 порядков выше, чем эти мощные процессы [11]. Мощность механизма тепловой конвекции оценивается в $3*10^{13}$ Вт. Очень высока и энергия воздействия возможных космических событий. Энергетические процессы эндогенной природы определяют эволюцию развития геосфер Земли, через сложное взаимодействие природных сил разного характера. Причем ранжирование энергетических процессов по силе воздействия представляется в следующей последовательности: гравитационная энергия, энергия осевого вращения Земли, энергия внешнего силового воздействия Луны и Солнца и т.д. Особняком стоят и имеют место быть по данным А.А. Баренбаума, энергетические воздействия космических событий, носящие периодический характер сравнимые с выше указанной последовательностью энергетических процессов.

В классической ньютоновской динамике сила возникает при движении тела заданной массы с заданным ускорением. Здесь и далее мы переходим к неклассической динамике Ю.Н Иванова, основными понятиями которой являются сдвиг фаз и разность частот тел заданной массы, входящих в эту систему. В ритмодинамике Иванова Ю.Н сила является следствием сдвига фаз и разности частот [12]. *Изменение этих параметров нарушает равновесие в* *системе элементов. При этом системе безразлично, изменились ли соотношения фаз и частот под действием внутренних причин, или эти изменения произошли из-за внешних факторов. Это совсем другой подход, в котором сила, изменяющая скорость тела, имеет вид разности фаз и частот. Причина же силы, как действия, состоит в стремлении системы элементов устранить возникшее пространственное несовпадение с собственными потенциальными ямами. Несовпадение ликвидируется волновым давлением на элементы, направленным в сторону сместившихся потенциальных ям. То есть, именно внутри тела возникает движущая сила. Когда элементы имеют возможность свободно перемещаться в сместившиеся потенциальные ямы, система движется. Если система удерживается, возникает действие на препятствие – сила. При изменении сдвига фаз количество усилия на препятствие меняется. Частотный градиент (напряжённость) гарантирует телам строго определённое по величине и направлению рассогласование внутренних фаз и частот, а, следовательно, и конкретную меру нарушения их внутреннего комфорта. Возникновение в телах частотного дискомфорта приводит к их автореакции, **т.е. к их самодвижению в область увеличения частотной напряжённости.** В этом смысле однонаправленное по всему телу частотное рассогласование является близлежащей причиной желания масс тяготеть друг к другу. Описано длинно, но точно. Рассогласование по частоте, это всего лишь внутренний отклик системы на излучение, которое создано присутствием Земли и в которое она, вещественная система, попала. Именно поэтому для описания состояния пространства было решено ввести понятие частотный градиент пространства, или частотная напряжённость:*

$\Delta v = - \gamma M / 2cr^2$ *(4)*

В этом смысле Δv – частотный градиент пространства, частотная напряжённость, зависящая от массы М и расстояния r. Теперь стремление тяготеть мы можем выражать в Гц, но к этому нужно привыкнуть. Для Земли на уровне её поверхности $\gamma M / 2cr^2 = 1.63 * 10^{-8}$ Гц.

Правильность ритмодинамического подхода к способам получения движения подтверждено рядом экспериментов [12]. За основу последующих модельных построений взята дифференцированная структура строения мантии Земли предложенная Ю.М. Пущаровским основанная на сейсмотомографических данных, полученных американскими и японскими геофизиками. Принципиально новым по сравнению с традиционной моделью земных оболочек является обособление средней мантии, и выделение нескольких зон раздела. Вопрос, который постоянно, как говорится, висит в воздухе об источниках динамической активности внутрисферных и межсферных потоков движения вещества Земли, безусловно, требует комментариев. Представляется, что геосферные оболочки Земли имеют разные энергетические характеристики. Причем, если в качестве меры энергии, взять показатель частотную напряженность, то получается следующая модель (рис.2). Так называемая врожденная сила 1-го порядка **частотная напряженность** создает и поддерживает неоднородность внутренних сфер Земли, т.е. **является движущей силой** вещества в земных оболочках.

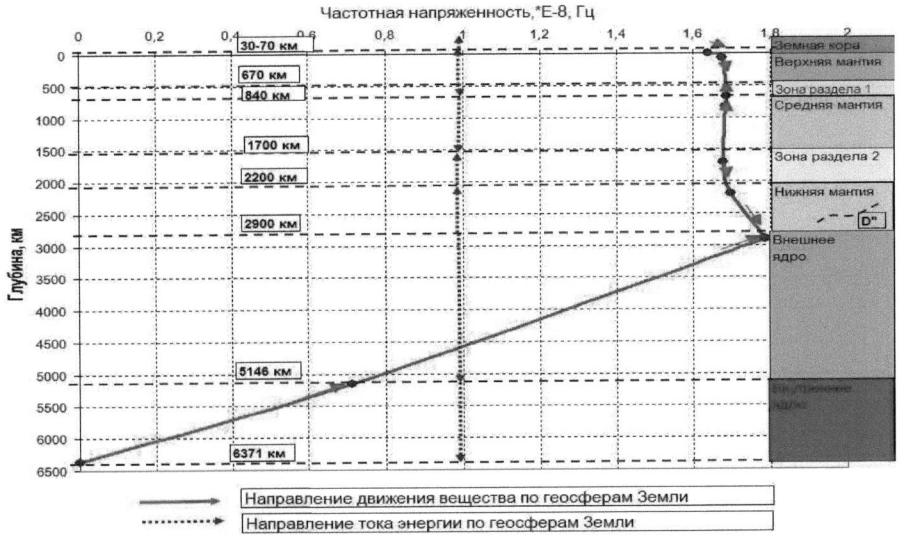

Рис.2. Внутренний портрет геосфер Земли по частотной напряженности

С позиций ритмодинамики, очевидно, что количественным каркасом гипотезы эволюции Земли может служить адекватная модель частотной напряженности твердых оболочек Земли. Такой подход позволяет нарисовать внутренний портрет геосфер Земли по частотной напряженности (рис.3).

На предложенных модельных представлениях о процессах ответственных за движение вещества в геосферах Земли можно сделать следующие предварительные выводы. Как показывают расчеты, в зонах развития океанической коры в сопредельных зонах экватора и полюсов нисходящие движения вещества земной коры идут менее контрастно, чем те же движения в зонах развития континентальной коры. Причем, если мощность океанической коры составляет первые сотни метров, то вектор движения вещества, для участков, тяготеющих к экватору или к полюсам, делает инверсию на перемещение вещества океанической коры в сторону земной поверхности (водной поверхности), что выражается в спрединге (рис. 4).

Рис.3. Изменение частотной напряженности, ускорения свободного падения и скорости продольной волны по геосферам Земли.

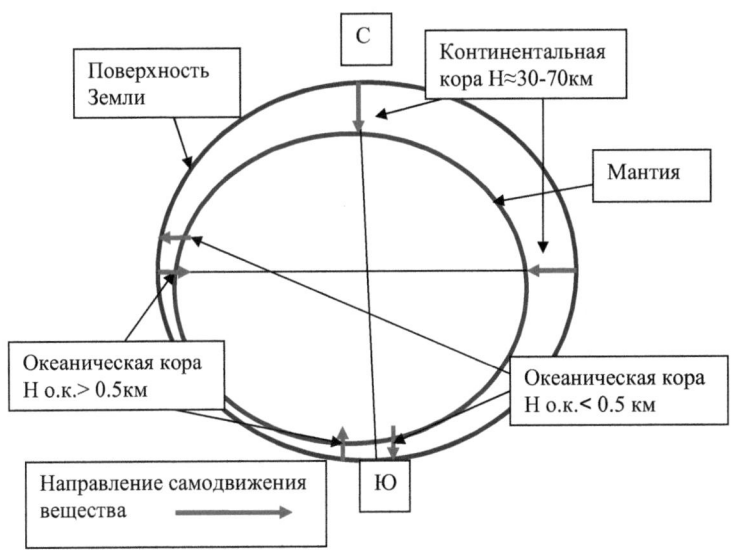

Рис.4. Направления самодвижения континентальной и океанической коры.

Теория мантийной конвекции принята многими учеными. Предложено несколько моделей циркуляции вещества в мантии. Как указывает А.Н. Дмитриевский, традиционные решения задач глобальной геодинамики, исходящие из теории конвективных потоков в мантии, основаны на построении структуры вязкопластических течений вещества в недрах Земли в геологическом масштабе времени. Эти построения учитывают, в основном, тепловые эффекты и диффузионно-конвективный способ передачи энергии и не описывают механизмы формирования энергоактивных зон в геологической среде. В задачах локальной геодинамики доминируют процессы кумулятивного характера, в которых проявляется собственная энергия геологической среды в тектонических и геофизических процессах. Молекулярные спектры в 0-1 Гц-диапозоне становятся значимыми для реализации геодинамических процессов, если происходят синхронно в объемах геологических тел [13].

Представляется, что эволюционной мерой развития Земли и ее последующая дифференциация на геосферы на всех этапах была и остается плотность вещества. Цикл автоколебаний корового волновода включающий

19

следующие циклы: расширение трещино-порового пространства, наполнение волновода флюидами, отжатие флюидов по проводящим каналам вверх по разрезу, исходя из предложенной модели составляет около 700 суток. Период колебаний волн в земной коре и мантии с глубиной изменяется незначительно: от 706 до 648 суток в подошве мантии. На границе внешнего и внутреннего ядра период колебаний возрастает до 1622 суток ($\approx$4.5 года). При приближении к центру Земли продолжительность периода колебаний волн приближается к 45 млн. годам. Последняя оценка продолжительности периода коррелируется с продолжительностью периодов фанерозоя. Как показывает моделирование, на глобальных сейсмических рубежах геосфер Земли (410,670,1200км и т.д.) происходят значительные минеральные преобразования, указывающие на неоднородную структуру вещества геосфер. Авторы публикации [14] объясняют поведение некоторых плюмов отрицательной петлей Клайперона вблизи фазовых барьеров 670 и 2900 км, которая предполагает сопротивление проникновению вниз холодного материала и вверх горячего. Ряд численных экспериментов показали задержку в подъеме плюмов на уровне 670 км границы. В рамках представленной модели движения вещества для глубинных рубежей 670 и 2900 км характерны встречные движения вещества геосфер (рис.2). Глубинные «плоскости встречи» вещества и энергии, безусловно, порождают следствия. **Из главных следствий и выводов можно отметить следующие.**

• Каждая геосфера Земли имеет свои энергетические параметры, в частности частотный градиент пространства, меняющийся по глубине. Возникновение в телах частотного дискомфорта приводит земные оболочки к их автореакции, т.е. к их самодвижению в область увеличения частотной напряженности. Направление движения вещества может отличаться на противоположный вектор, чем указано на усредненной расчетной схеме рис.2. Возможны, безусловно, латеральные и наклонные перемещения вещества. Но масштабы этих перемещений скорее носят локальный характер, чем планетарный. И как главное следствие возникает плюмовая внутрисферная и межсферная неоднородность земных оболочек.

• На границе ядра и мантии имеет резкий скачок не только плотности вещества теоретически в 2 раза, но и как следствие, уменьшение скорости движения продольных волн практически в 1,5 раза. Возникает восходящий массообменный дрейф минерального вещества и флюидов в результате фазочастотного рассогласования атомов тела под действием поля гравитации. Частотный градиент гарантирует земным оболочкам определенное по величине и направлению рассогласование внутренних частот. Данное рассогласование является движущей силой геологических процессов от центра ядра до пределов земной поверхности.

• Согласно выполненных расчетов в рамках предложенной модели с учетом разницы приполярного и экваториального радиусов Земли, а также с учетом толщин континентальной и океанической коры, мантийное вещество, в условиях минимальной толщины океанической коры, «обречено» на восходящее самодвижение. Данные зоны в тектонике плит обособляются в срединно-океанические хребты и отождествляются как спрединг процесс. В сторону континентов, по границам океанов, с ростом мощности переходной коры, происходит инверсия частотной напряженности, и вещество океанической литосферы погружается в мантию. Данные зоны обособляются в активные окраины континентов и отождествляются как процесс субдукции. Представляется, что предложенная модель, апробированная в реперных точках земных оболочек подтверждает установленные однозначно на сегодня положения геодинамики плит и более глубоких геосфер Земли.

Данная модель позволяет в своем развитии выявлять наиболее динамичные участки в геосферных оболочках, а значит, и прогнозировать активность процессов дегазации Земли. С учетом того, что продуктами дегазации являются глубинные флюиды содержащие углерод, водород и т.д., можно говорить о наиболее вероятных площадных и линейных участках недр потенциальных на наличие УВ. Но это уже другой вопрос [15].

4. Нефтегазовое мышление как основа прогнозирования типа углеводородной залежи.

Многих ошибок удастся избежать на этапе проектирования, если к разработке смешанных по фазовому состоянию углеводородов (УВ) в залежи подходить в первую очередь с позиций начального (текущего) фазового состояния УВ в залежи. Что в принципе представляет разработка углеводородных залежей? Это не что иное, как процесс, обратный формированию залежей углеводородов, с ускорением на несколько порядков больше, чем время формирования месторождения.

Влияние наличия газовой шапки (ГШ) в нефтегазовой (газонефтяной) залежи, в случае разработки только нефтяной оторочки, имеет ряд эффектов, прямо или косвенно влияющих на показатели разработки объекта. Развитие происходящих процессов и вытекающих следствий происходит в силу нарушения равновесия в системе газ-нефть за счет отбора нефти, закачки воды (если система ППД активна), отбора растворенного газа, а также реакции ГШ на указанные массоотборы и изменение термобарических условий. Особняком стоит реакция законтурной области на происходящие процессы. ГШ в силу свойств газа активно реагирует на внешние воздействия. Происходят пространственные и объемные изменения от первоначального состояния: сжатие, расширение, деформация, перемещения, связанные с вертикальной и латеральной миграцией газовой составляющей, оказывая чаще всего негативное воздействие на сложившую систему разработки нефтяной залежи. Причем в конкретный период времени состояние газонефтяной залежи носит направленный характер, и достижение равновесия не всегда приводят залежь к фазовому равновесию в силу отчасти необратимости и инерционности происходящих процессов в залежи. Изменение добычи нефти (увеличение и уменьшение дебита по скважинам) в указанной ситуации складывается из следующих составляющих: прямого воздействия системы ППД, энергии расширения ГШ вне зон влияния скважин ППД, стадии разработки, режима разработки сложившегося в зоне дренирования группы скважин.

Задача специалистов заключается в преобразовании малоэффективных сложившихся режимов разработки к более эффективным путям искусственного воздействия на объект. В этом и есть суть нефтегазового мышления.

Из литературных источников известно, что для диагностики типа газа (нефтяной или природный газ, смесь газов), наиболее информативными являются следующие показатели, характеризующие соотношения отдельных компонентов в составе газа в объемных %:

1. C_{5+B};

2. $C_1 + C_2 + C_3 + C_4 / C_{5+B} = B$;

3. $C_2 + C_3 + C_4 / C_{5+B}$;

4. iC_4 / nC_4;

5. C_1 / C_{2+B};

6. $C_2 / C_3 = A$;

7. $(C_1 + C_2 + C_3 + C_4 / C_{5+B}) + C_2 / C_3 = Z$;

где $Z = A + B$; C_1 - метан; C_2 - этан; C_3 - пропан; iC_4 - изобутан; nC_4 - нормальный бутан; C_{5+B} -пентан + высшие;

Далее методами математической статистики установлено, что ни один из индивидуальных компонентов газовой смеси, взятый в отдельности, не обеспечивает полного распознавания образа «объект-площадь». Дальнейшая обработка показала, что показатели 1, 3 и отчасти 2 не являются информативными для распознавания образа. Наиболее интегральным комплексным параметром рекомендуется отношение под цифрой 7. Отношения с 4 по 6 в необходимых случаях можно также привлекать для распознавания образа.

Под комплексным отношением Z понимается такой генетический параметр, который несет в себе информацию о разрабатываемом площадном объекте разработки и с учетом режима разработки на дату отбора пробы газа в пределах скважины, позволяет качественно и количественно выделить долю нефтяного и природного газа в случае существования смеси газов.

Интересные результаты получены на предмет прогнозирования типа залежи по известному составу природного газа. К обработке привлекались данные по залежам, учтенные балансом, а также объекты с «условно непромышленными» запасами природного газа. При обработке данных более 40 газовых залежей известного фазового состояния были получены следующие результаты. Если параметр Z равен или более 120, то с большой долей вероятности прогнозируется залежь свободного газа, если Z менее 120, то прогнозируется наличие нефтяной оторочки с газовой шапкой.

В некоторых работах дано решение задачи прогнозирования наличия нефтяной оторочки в продуктивном пласте на примере ранговой классификации. На данном этапе это не выполнено, как и распознавание, выделение газоконденсатной залежи. На схеме расположения месторождений нефти и газа Пермского края выделены зоны однофазного (чисто нефтяная или чисто газовая-газоконденсатная) и двухфазного распространения залежей углеводородов и смешанного состава (рис. 5).

Чисто газовые (зона распространения преимущественно газовых, газоконденсатных месторождений без нефтяных оторочек) месторождения, носящие сквозной характер по осадочному чехлу, прогнозируются в Юрюзано-Сылвенской депрессии, ее восточной и юго-восточной частях, а также центральной и восточной зонах Верхнепечерской депрессии.

На остальной территории, единичные чисто газовые залежи хотя и встречаются, но генезис их носит эпигенетический характер. Основные предстоящие открытия газовых месторождений связываются с терригенным нижнепермским, карбонатным верхнекаменноугольным и башкирско-серпуховским комплексами, где прогнозируется до 80-90% запасов природного газа промышленной категории. Ниже по комплексам вероятность открытий газовых залежей затухает. Такая оценка подтверждается по смежным регионам Свердловской области и юга Республики Коми.

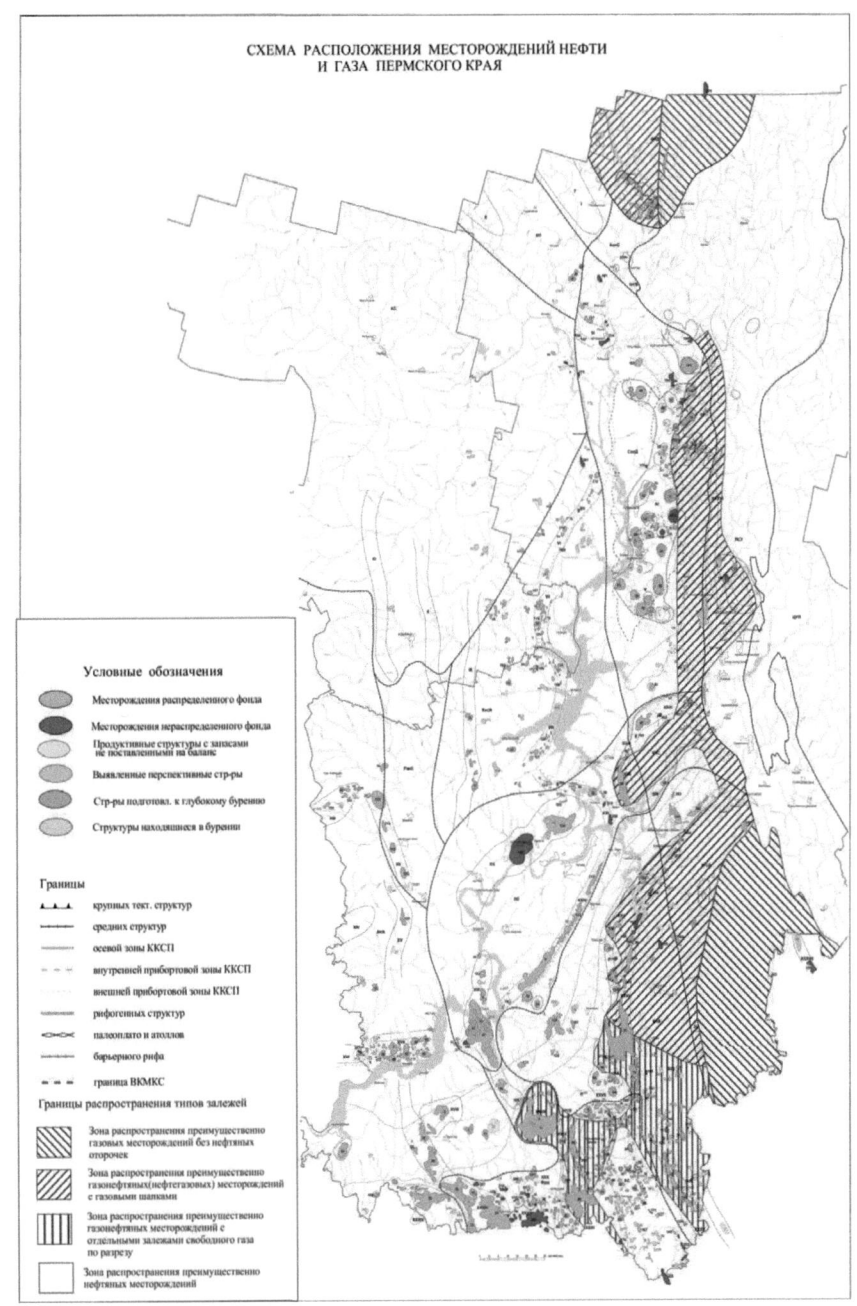

Рис.5. Зоны расположения месторождений УВ Пермского края однофазного, двухфазного и смешанного состава.

25

Залежи двухфазного состава (зона распространения преимущественно газонефтяных – нефтегазовых месторождений с газовыми шапками) прогнозируются в западной части Верхнепечерской депрессии, в восточной части Соликамской депрессии и в сопредельной переходной зоне передовых складок Урала, охватывают внутреннюю часть Веслянской валообразной зоны в пределах Косьвинско-Чусовской седловины. Далее широкой полосой с северо-восточного простирания на юго-запад пересекает Юрюзано-Сылвенскую депрессию и охватывает большую часть Бымско-Кунгурской впадины за исключением южной части.

Зона распространения преимущественно газонефтяных месторождений с отдельными по разрезу залежами свободного газа в виде подковы оконтуривает северо–восток Башкирского свода и южной части Бымско-Кунгурской впадины. Отдельные залежи свободного газа, скорее всего, стали следствием значительных изменений в тектоническом и структурном плане, которые испытала данная территория в последнем неотектоническом цикле. Т.е. залежи свободного газа в этой зоне по генезису, скорее всего, носят вторичный характер и образовались в результате вертикальной миграции газовой составляющей по обновленным проводящим-подводящим каналам зон разуплотнения. Причем масштабы созидательного переформирования залежей УВ представляются незначительными.

Полученные данные о наличии или отсутствии в газовом пласте нефтяной оторочки вполне согласуются с геолого-физической характеристикой изученного района. Применение данной методики дает возможность уточнять план дальнейшей разведки в условиях неопределенности и недостаточности информации [16].

5. Прогнозирование нефтегазоносности осадочного чехла на основе неотектонической модели нафтидогенеза.

В 2006 году Тимурзиев А.И. [17] сформулировал закон пространственно-стратиграфического распределения углеводородов (УВ) в недрах земной коры. Установлена главная последовательность распределения залежей нефти и газа, как по фазовому состоянию, так и по запасам в связи с градиентом амплитуд неотектонических движений. Выявлен верхний предел значения неотектонической активности земной коры, превышение которого приводит к разрушению залежей УВ, а также нижний предел нефтегазоносности, когда тектонический разлом не проникает в осадочный чехол. В последнем случае потенциальные месторождения могут быть приурочены только к кристаллическому фундаменту. И только определенный коридор значений градиента амплитуд неотектонических движений обеспечивает условия, как образования, так и сохранности залежей УВ. Рассматривая особенности строения залежей УВ как объектов поисков, в этой же работе автором, подмечены среди прочих, следующие специфические особенности: древовидное строение залежей с корневой (питающей) зоной с последующим выделением стволовой и кроновой зон «дерева». Очень точное морфологическое сравнение глубинности строения расположения как выявленных, так и потенциальных залежей УВ.

Предложенная геодинамическая модель, отражающая эволюцию нафтидогенеза, позволяет после стадии обучения, т. е. увязки наблюдаемых фактов и выделения определяющих показателей, выйти на прогноз нефтегазоносности локальных участков. Привычное трехмерное пространство, одна из осей которого (z) связана с глубиной, а две другие (x, y) характеризуют геодинамическую активность тектонических процессов, причем по времени охватывающей промежуток времени первые млн. лет, и потому именуемые неотектонические, являются теми координатными осями, которые по крайней мере не вызывают искр в споре «органиков» и «неоргаников». В работе [18] авторы, рассматривая коровые волноводы, разломную тектонику на большом обширном материале показали, что большую роль в разломной тектонике кристаллической коры разной по возрасту и типу развития регионов играют нарушения листрической формы. Здесь же авторы констатировали, что на древних платформах характерной глубиной первого волновода является 8-15 км и показали тесную связь распространения волноводов и листрических разломов. Для коровых волноводов характерна развитая трещиноватость и насыщенность флюидами: смесь на водной основе с углеводородами. Листрический разлом представляет собой тектонический разлом с характерной кривизной плоскости смещения. По морфологии – это субвертикально-крутонаклонный ориентированный разлом, сужающийся вниз и выполаживающийся с глубиной к кровле кристаллического фундамента (не всегда) плавно переходя в волноводы. Предложенная схема рассуждений, включающая главную нафтидную ветвь хорошо апроксимируется уравнением параболы: $G^2 = 2PH$ (5),

где G - градиент амплитуд неотектонических движений, м/км;

P - параметр параболы;

H - расстояние по нормали от волновода до залежи УВ, км.

Установлено, что для нижнего предела нефтегазоносности параметр параболы равен P=5, для верхнего предела P=20, для главного предела P=11 (рис.6).

Принцип неопределенности, являющийся основополагающим в квантовой физике, который утверждает: если достаточно точно, известна одна величина, то другая ее характеристика, определяется с большей погрешностью и только статистически. Похоже, что данный принцип работает и в геодинамике геологических процессов. Например, в некоторой точке (рис.6), достаточно точно известен градиент амплитуд неотектонических движений (G=+8 м/км), тогда продуктивные толщи, попадающие в главную нафтидную ветвь стабильного состояния потенциальных залежей УВ, находятся в интервале глубин 5,4-10,3 км (или на расстоянии 1,7-5,6 км от волновода).

Рис. 6. Неотектоническая модель нафтидогенеза

В работе [19] предложена методика и систематизированы данные позволяющие дать оценку неотектонической активности территории Пермского края. Методика исследований включала: подготовку материалов дистанционных съемок, визуальное выделение геоиндикаторов, интерактивное компьютерное структурно-геологическое дешифрирование космических снимков, автоматизированную обработку линеаментов, разработку критериев, различные виды классификаций, создание локальных баз данных, создание цифровых моделей рельефа, линеаментный, морфонеотектонический, геодинамический анализы, сопоставление данных с геофизическими и другими полями и оценку достоверности результатов, создание итоговых карт районирования, оценки и прогноза.

Геодинамические активные зоны (АЗ) представляют собой ограниченные, протяжённые в плане участки земной коры, с концентрацией

29

тектонического напряжения, обусловленного внутренними силами Земли и их активностью на современном этапе неотектонического развития, характеризующиеся пониженной прочностью, повышенной трещиноватостью, проницаемостью, и как следствие, проявлением разрывной тектоники, сейсмичности, подъёмом флюидов и других процессов [19]. Геодинамическими АЗ, как правило, являются мобильные зоны трещинно-разрывных нарушений на границах блоковых структур, узлы пересечения разнонаправленных нарушений, осложняющие неотектонические блоки, внутриблоковые участки сгущения сети нарушений. Критериями оценки геодинамической (неотектонической) активности являются различные расчетные показатели. Одним их важнейших показателей является плотность разломов, линеаментов и мегатрещин. Ранжирование геодинамической активности по этому показателю проводится по градациям с учетом баллов статистического распределения по их интенсивности (обычно выделяется 6 градаций с учетом среднего арифметического - «x» и стандартного отклонения - «s»): 1балл < (x-s); 2 балл (x-s) ÷ x; 3 балл x ÷ (x+s); 4 балл (x+s) ÷ (x+2s); 5 балл (x+2s) ÷ (x+3s); 6 балл > (x+3s). Вполне уверенно предполагается, что они отражают соответственно различную степень геодинамической активности (от условно стабильной до условно чрезвычайно высокоактивной). При этом к геодинамическим АЗ относятся участки с очень высокой и чрезвычайно высокой трещиноватостью и в отдельных случаях - участки с высокой трещиноватостью, отличающиеся высокой контрастностью относительно фона (рис.7).

В пределах Пермского края установлено 60 геодинамических АЗ регионального и зонального уровней. Они имеют мозаичное строение и при детализации разбиваются на зоны локальных уровней. Геодинамическая активность и степень плотности линеаментов как указано выше, ранжирована на 6 качественных классов. Каждый класс, помимо качественной оценки, характеризуется количественным значением градиента амплитуд неотектонических движений (табл.1).

Таблица 1. Классификация геодинамической (неотектонической) активности.

Класс	Качественная характеристика	Градиент амплитуд неотектонических движений, G м/км
1	Чрезвычайно высокая	21÷22
2	Очень высокая	20÷21
3	Высокая	19÷20
4	Повышенная	14÷19
5	Средняя	9.5÷14
6	Низкая	<9.5

Рост пространственной энтропии углеводородного вещества, которая характеризует степень беспорядка направленности природных процессов, нарастает от мантии по пути движения исходного вещества к осадочному чехлу, с максимальным ее значением в зоне разрушения залежей УВ. Для области разрушения залежей (ОРЗ) углеводородов характерно наличие вторичных залежей УВ с аномальными физико-химическими свойствами нефти и газа. В ОРЗ, как эмиграционной зоне, процессы разрушения активизируются после последующих неотектонических циклов с изменением в т.ч. и фазового состояния УВ и образованием вторичных газовых шапок. В резолюции к 1-ым Кудрявцевским чтениям были сформулированы и вопросы, на которые сегодня нет аргументированных ответов. Попытаемся ответить на некоторые из них: *в чем состоят принципиальные отличия месторождений УВ глубинных геосфер от месторождений, открытых в верхней части осадочной оболочки.* Главная нафтидная ветвь (ГНВ) утвердительно отвечающая на триаду вопросов: **коллектор-флюидоупор-ловушка**, образуют новый объект с привычным названием - месторождение нефти или газа. И ГНВ и углеводородам совершенно без разницы, какие породы стали «домом» до следующего цикла неотектонических подвижек, которые могут быть и разрушительным. При отрицательном ответе на один из трех принципиальных выше обозначенных вопросов углеводородный поток уходит в метастабильную зону и в лучшем случае образует вторичные залежи УВ.

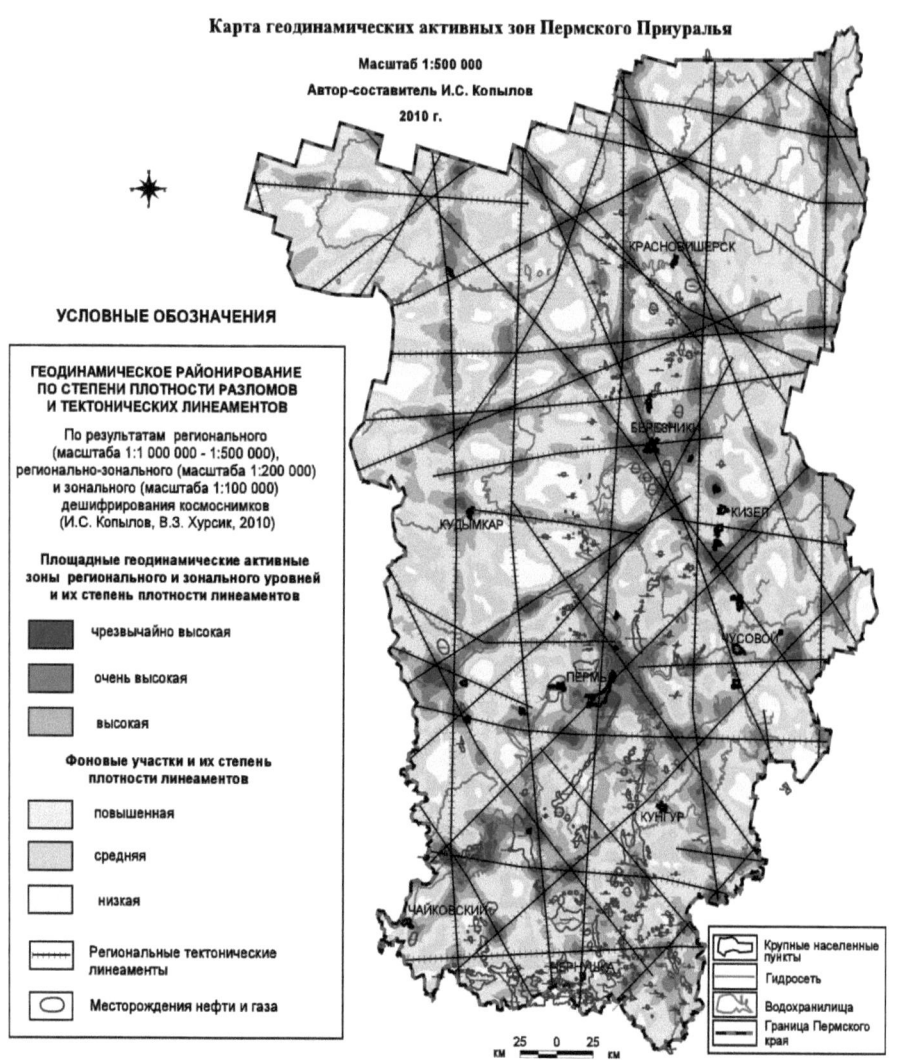

Рис. 7. Геодинамические активные зоны Пермского Приуралья

Понимая, что все месторождения УВ тяготеют, прежде всего, к непосредственной близости тектонических разломов, как проводящихподводящих каналов, и к зонам, где наиболее контрастно происходят метасоматические преобразования горных пород с образованием достаточной, вторичной емкости. Мы также должны помнить, что начиная с глубин 4,5-5 км привычные флюидоупоры (аргиллиты, плотные известняки и т.д.) перестают быть таковыми. И только сульфатно-галогенные породы сохраняют свои экранирующие свойства.

Очень важный и принципиальный вопрос касается отличий в технологии прогнозирования и в методах ГРР для месторождений УВ с выходом на перспективные области глубинной нефти в Пермском крае, как по разрезу, так и по площади. Понятно, что, чем больший (до определенных значений) градиент неотектонических движений имеет место быть в некотором районе, тем больший этаж нефтегазоносности может возникнуть исходя из мощности осадочного чехла и кристаллического фундамента. Для верхней части осадочного чехла, наиболее вероятный эволюционный сценарий для месторождений нефти и газа, образованных до четвертичного периода – это разрушение залежей УВ, чем их сохранность, т.к. циклов активизации тектонических подвижек может быть несколько. Битумы в этой нафтидной ветви находятся на конце цепочки. В таблице 2 приведены пограничные значения градиента амплитуд неотектонических движений для выявленных и потенциальных месторождений УВ Пермского края Калтасинского авлакогена.

Главная нафтидная ветвь стабильного образования и сохранения залежей УВ по образному сравнению, приведенному выше, выглядит как дерево: корневая зона как начало собственно нафтидного цикла включающая коровый волновод, стволовая зона собственно ГНВ ограниченная листрическими разломами с месторождениями УВ и крона с ветвями (листвой) в виде залежей УВ.

Выявленные и прогнозные показатели нефтегазоносности в рамках предложенной модели.

• Если выявленный тектонический разлом характеризуется градиентом амплитуды неотектонических движений более 11 м/км, то вероятность его глубинного заложения до корового волновода очень высока.

Таблица 2. Стратиграфическая приуроченность ресурсов УВ в зависимости от градиента амплитуд неотектонических движений Калтасинского авлакогена.

Стратигр афия (индекс)	Нижний предел нефтегазо- носности (G); 2P=10	Верхний предел нефтегазо- носности (G); 2P=40	Главный предел нефтегазо- носности (G); 2P=22	Примечание
Верхний предел нафтидогенеза G >± 22.0				*Зона рудогенеза*
Р	± 10.8	± 21.0	± 15.7	*Верхний структурный осадочный чехол*
С	± 10.2	± 20.1	± 15.0	
Д	± 9.5	± 19.0	± 14.2	
V	± 9.0	± 18.3	± 14.0	*Нижний структурный осадочный чехол*
R	± 3.0÷9.0	± 5.0÷17.0	± 4.0÷13.0	
PR_2-AR	± 2	± 3	± 2.5	*Кристаллический фундамент*
Нижний предел нафтидогенеза G <± 1.0				*Корневая зона ГНВ*

• Неотектонические движения, имеющие значение градиента амплитуд неотектонических движений по абсолютной величине более 22 м/км, порождают **зону рудогенеза**.

• С глубиной идет укрупнение запасов УВ приходящее на одно месторождение с количественным уменьшением месторождений как таковых на единицу площади.

• Известное значение градиента амплитуды неотектонических движений позволяет прогнозировать потенциально продуктивные стратиграфические горизонты, привязанные по их глубинности ($H=G^2/2P$), а также фазовое состояние УВ. Установленные залежи УВ не попадающие в коридор количественных значений градиента амплитуд главной нафтидной ветви интерпретируются нами, как вторичные залежи УВ, сформировавшиеся на путях оперяющих разломов.

• Перспективы нефтегазоносности **R-V** отложений в пределах Калтасинского авлакогена на территории Пермского края в рамках предложенной модели должны тяготеть в своем максимуме распространения к геодинамическим активным зонам 5-6 классов. Главный предел нефтегазоносности по значению градиента амплитуд неотектонических движений прогнозируется минимальными значениями на уровне ± 4.0÷14.0 м/км.

• Для однопластовых месторождений с установленной нефтегазоносностью только **в девонских** отложениях пространственно расположенных в пределах Калтасинского авлакогена и прилегающих территорий установлена следующая качественно-количественная закономерность. Залежи тяготеют к геодинамическим активным зонам следующих классов: 4 (13-залежей), 3 (8-залежей), 5 (5-залежей). Значение градиента амплитуд неотектонических движений по абсолютной величине находиться в интервале ± 9.5÷19.0 м/км, с главным пределом нефтегазоносности равном 14.2 м/км.

• Для месторождений, а таковых на территории Пермского края предварительно установлено 17, где в настоящее время идут два параллельных процесса: собственно разработка залежей нефти и другой процесс, не менее важный, чем первый, - **процесс подтока нефти в залежь** или его следствие - возобновляемость запасов углеводородов выявлено следующее. Месторождения, как правило, многопластовые от 5 до 9 залежей. На 40% месторождениях, т.е. практически на каждом втором, имеются помимо чисто нефтяных залежей в т.ч. залежи природного газа. В частности месторождения УВ в Соликамской депрессии тяготеют к значениям градиента амплитуд неотектонических движений относящихся к 2 или 1 классу. Месторождения УВ в Калтасинском авлакогене имеют максимум распространения при значениях градиента амплитуд неотектонических движений относящихся к 4 или 5 классам. В первом и втором выше названном тектоническом регионе встречаются месторождения, относящиеся и к 3 классу. Отмечена также следующая интересная закономерность, выраженная в обратно-пропорциональной зависимости между мощностью осадочного чехла и значением градиента амплитуд неотектонических движений.

• Для месторождений **с газовыми залежами**, которых на территории Пермского края выявлено более 50, характерными параметрами градиента амплитуд неотектонических движений являются значения относящихся к 4 и 5 классам.

• На 13 месторождениях установлена промышленная нефтегазоносность в нижнепермском комплексе. Подавляющее количество залежей (12 залежей) находятся в Предуральском краевом прогибе, под мощным региональным эвапоритовым флюидоупором кунгурского возраста. Распределение залежей по классам подчиняется логнормальному распределению с медианным значением градиента амплитуд неотектонических движений 15 м/км [20].

6. О ритмичности самовосстанавливающихся систем в нефтедобыче и процессах разработки месторождений углеводородов с позиций глубинного генезиса.

Опираясь на многолетний опыт работы нефтяников из Татарии, с учетом наработанных методик и подходов специалистов, занимающихся вопросами возобновляемости запасов нефти по разрабатываемым месторождениям, в первую очередь по Ромашкинскому (Муслимов Р.Х., Плотникова И.Н., Усманов С.А. и др. [21]), по месторождениям Пермского края проведен анализ геолого-промысловых данных, охвативший почти полувековой период разработки более 100 нефтяных месторождений. Выявление современных геодинамических процессов, происходящих в земной коре, как определяющих процесс глубинного генезиса УВ проведен по всему добывающему фонду скважин (около 13 тыс. скв.), отвечающим следующим критериям:

• Дебит нефти более 50 т/сут в течение не менее 4-х лет;

• Накопленная добыча нефти не менее 0.4 млн. т;

• Накопленный водонефтяной фактор не более 0.3 м^3/т;

• Растущий дебит на любой стадии разработки или его инверсионные трансгрессивно-регрессивные колебания (понятно, без предшествующих по анализируемым скважинам ГТМ) на протяжении некоторого периода, о котором будет сказано ниже.

К четырем критериям предложенными специалистами из Татарии (с переработкой пороговых значений) добавлен показатель - степень заполнения ловушки. Непростой задачей стало выделение «полезного сигнала», осложненного объективными и субъективными причинами в массиве информации, подвергшейся анализу. И все же о первых выводах. Вышеприведенным критериям отвечают 182 скважины обособленные на 17 месторождениях: *Юрчукское, Чашкинское, Уньвинское, Ольховское, Ярино-Каменноложское, Полазненское, Баклановское, Осинское, Падунское, Кокуйское, Батырбайское, Таныпское, Павловское, Быркинское, Аспинское, Красноярско-Куединское, Шагиртско-Гожанское.*

В пределах разрабатываемых залежей скважины, кандидаты на возобновление запасов, в плане четко группируются в очаги или в линейные зоны, указывая на скрытую локализованную разгрузку глубинных потоков. Что касается коэффициента заполнения ловушек, то по большинству залежей на данных месторождениях, он равен единице. Хотелось бы сразу выделить типы подпитки: периодическая и непериодическая. Поскважинный анализ изменения дебита во времени выявил циклы прироста дебита на 5-10% от базового через целое число лет, с наиболее чаще встречающимся периодом 2n, где n число лет равное 1,2,3... и т. д. Подобный временной ряд описывается гармонической, монотонно убывающей, функцией с периодом около 700 суток. Прирост дебита по скважинам интерпретируется нами, как возобновляемая составляющая по запасам нефти через очаги скрытой локализованной разгрузки глубинных флюидов. Осредненный ряд подвергался процедуре фильтрации с шагом 300 суток. Целью построения тренда являлось выявление глобальной (за рассматриваемую историю разработки) тенденции изменения дебита во времени. Гармоническая составляющая определялась вычитанием глобальной тенденции (тренда) из осредненного ряда. После выполненных процедур фильтрации временного ряда дебита нефти, получалась остаточная составляющая, которая по нашему мнению отражает подток нефти к зоне дренирования скважины и к залежи.

В качестве примера периодического подтока нефти на рис.8 приведен график изменения дебита нефти по одной из скважин Чашкинского месторождения. На графике видно, что глобальная составляющая тренда медленно и плавно убывает по кривой, которая в данном случае описывается уравнением третьей степени. В представленном примере остаточная составляющая представляет собой гармоническую функцию с периодом около 700 суток на протяжении 10-12 лет. Амплитуда гармонической составляющей показывает знак (плюс или минус) и интенсивность величины подтока нефти в залежь.

Анализ данных по скважинам непериодического подтока по изложенному выше алгоритму выявил следующее. Было установлено, что остаточная составляющая тоже подчиняется закону кратных гармоник. Но характер интерпретируемого типа подтока нефти носит пульсационный подтип, с более выраженной в амплитуде, что может указывать на более тесную связь с каналом подпитки. Реализованный подход к фильтрации данных не является единственным и не способствует анализу скрытых периодичностей. Для этой цели более объективным был бы Фурье анализ без осреднения. Но это - задачи на будущее.

В работе [15] указывалось, что эволюционной мерой развития Земли и ее последующая дифференциация на геосферы на всех этапах была и остается плотность вещества.

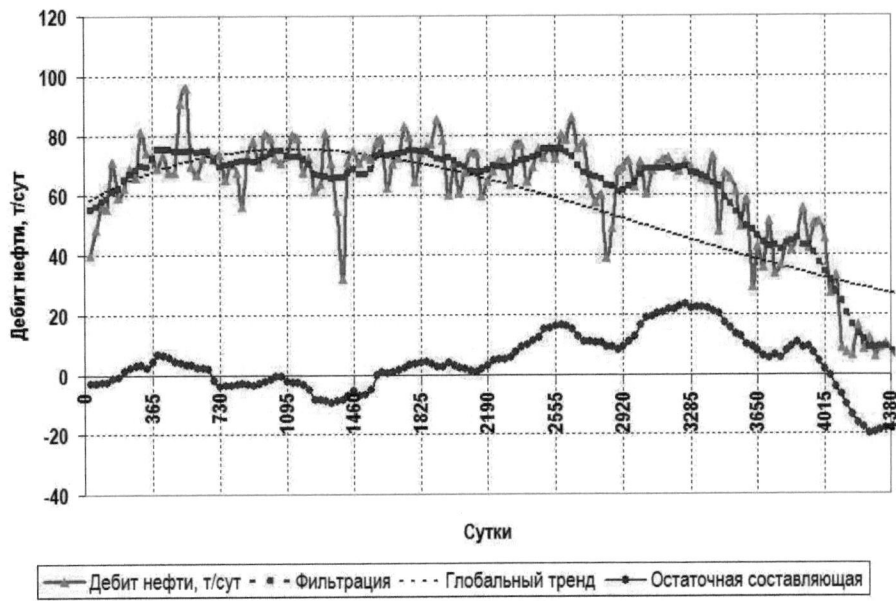

Рис.8. График изменения дебита нефти при периодическом подтоке.

Период автоколебаний корового волновода, включающий следующие циклы: расширение трещино-порового пространства с наполнением волновода флюидами, отжатие флюидов по проводящим каналам вверх по разрезу, исходя из предложенной модели, составляет около 706 суток. Такое неслучайное совпадение продолжительности периодов подтока нефти, полученное в первом случае, на основании геолого-промысловых данных, во втором – расчетным путем с позиций ритмодинамики (РД) требует комментариев.

Замечание первое. 706 суток удивительным образом совпадает со средней продолжительностью синодического месяца равного ≈29.53 солнечных суток деленного на 24 (706: 24= 29.4). Или образно говоря 353 суток (один синодический год) - «вдох» и столько же «выдох» характеризует продолжительность периода автоколебания корового волновода.

Замечание второе. В работе [22] авторы на конкретных примерах разработки блоков Ромашкинского месторождения показали роль приливных деформаций земной коры в системе Земля-Луна-Солнце с периодическим (с суточным, 14- суточным, 28- суточным) расширением и сжатием трещин горных пород, определяющих динамику добычи флюида. Периодичность установленных процессов вывела авторов на интересные дополнения к технологиям увеличения нефтеотдачи пластов.

О движущей силе геологических процессов.

Как только в геологической среде возникает градиент параметров, то можно, в первом приближении говорить, что система вышла из равновесного состояния, и если, градиенты параметров достаточны для возникновения движущей силы, то геологические процессы (тела) приходят в движение. Под геологическими телами понимаются однотипные (химические) элементы, которые самоорганизуются в тела и «комфортно» сосуществуют. Температура и давление, исходя из положений ритмодинамики, являются не более чем параметрами характеризующие среду и не являются первопричиной движения, т.е. перепад давления (или температуры) с позиций РД, есть следствие уже возникшего движения [12].

Методы и технологии разработки месторождений УВ в условиях возобновляемости их ресурсов.

Что в принципе представляет собой разработка углеводородных залежей с позиций глубинного генезиса? Это не что иное, как процесс, обратный формированию залежей УВ с ускорением на несколько порядков больше, чем собственно время образования месторождения [23]. Комплекс технологий сейсмоакустического воздействия на продуктивный пласт за счет воздействия упругими колебаниями гармонической и импульсной формы нашел широкое применение в нефтедобыче [24]. Общепризнанным фактом в среде авторов волновых технологий и специалистов геологов, занимающихся, разработкой залежей УВ, считается, что по ряду скважин возрастает продуктивность скважин, вовлекаются в разработку застойные и низкопроницаемые продуктивные пропластки, происходит очистка призабойной зоны и т.д. Теперь обратимся к базовой формуле Дарси, записанной в виде расхода жидкости через пористую среду при ламинарном режиме фильтрации:

$$Q = (k * S * (P_1 - P_2))/(\mu * L); \quad (6)$$

где Q -расход жидкости;

k-проницаемость;

S- площадь фильтрации пористой среды;

P_1-P_2- разность давлений;

μ –вязкость жидкости;

L- длина испытуемого образца породы.

Все перемещения флюидов осуществляются в геологической среде. Движение обычно связывают с движущей силой. Является ли разность давлений некой движущей силой, заставляющей флюиды испытывать «желание» восстановить равновесие, чтобы устранить причину, а может, следствие, перепад давления? Исходя из классического понимания положений гидродинамики, вопросительного знака в предыдущем предложении просто не может быть. И все же. Преобразуем формулу Дарси в ритмодинамическую запись, с учетом следующих замечаний.

$P = F/S$ – классическая (ритмодинамическая) запись давления, равное отношению силы (F) к площади поверхности (S) по нормали;

$S = \pi * R^2$ – классическая (ритмодинамическая) запись площади для образца породы цилиндрической формы;

$F = m * a$ – классическая запись силы;

$F = 2m * c * \Delta f$ – ритмодинамическая запись силы;

$P_1 = (2m * c_1 * f_1)/(\pi * R^2)$ – ритмодинамическая запись давления в точке 1;

$P_2 = (2m * c_2 * f_2)/(\pi * R^2)$ – ритмодинамическая запись давления в точке 2;

$f_{1,2}$-частоты в точках 1 и 2, Гц;

Δf- градиент частот в системе двух атомов, связанных между собой стоячей волной;

c_1, c_2 - скорость распространения волны в флюидах (воде, нефти соответственно);

m- массовый коэффициент пропорциональности, количественная мера волновых связей в кристаллической решетке, (или ритмодинамическая масса флюидов вовлеченных в движение);

Итоговое выражение формулы Дарси с учетом сделанных замечаний и преобразований в ритмодинамической записи выглядит так:

$$Q = 2m * k * (c_1 * f_1 - c_2 * f_2)/(\mu * L);$$

Для однородной флюидной среды, где скорости продольных волн равны, т.е. $c_1 = c_2$, итоговое выражение формулы Дарси в ритмодинамической записи:

$$Q = 2m * c * k * (f_1 - f_2)/(\mu * L)); \ (7)$$

Сравнивая формулы 6 и 7, нетрудно увидеть, что собственно управляемыми параметрами, от которых зависит расход жидкости, являются частоты в точке 1 и 2 или наличие разности частот. Причем, если «вернуться» к терминологии гидродинамики (Дарси→Дюпюи и т.д.), нетрудно увидеть, что L=$R_к$ (здесь $R_к$ - радиус контура влияния или дренирования, где давление в точке 1 отождествляется с пластовым давлением, т.е. P_1=$P_{пл.}$, а давление в точке 2 с забойным давлением, P_2=$P_{заб.}$). Далее на основании формулы 7 с учетом двух источников волн и волновой среды (ритмодинамический диполь) выполнен модельный оценочный расчет расхода жидкости (воды) через цилиндрическое тело (заполненного песком), имитирующее пористую среду.

Исходные данные: m-1059750кг, R-3м, L-250м, n-15%, μ-1*10^{-3} Па*с, k-0.005*10^{-12}м^2, f_1-5Гц, f_2-3Гц, С-1480м/с. Расход воды (Q) при указанных данных составил 10,8 м^3/сут.

Если в систему разработки внести источники, излучающие волновые колебания различной частоты, т.е. в геологическом поле создать и поддерживать разность частот, то такая система разработки из пассивной трансформируется в активную и управляемую. Согласно РД направление движения флюидов при одинаковой длине волны (λ), но различной частоты (f) происходит от большей частоты к меньшей. Таким образом, если в системе разработки, исходя из характера насыщения коллектора, поддерживать искусственно частотный градиент: $f_{вода} > f_{нефть} > f_{газ}$, то у системы появляется тенденция к движению.

Исходя из представленных модельных представлений в силу того, что волновое воздействие при наличии частотного градиента обеспечивает в геологической среде движение флюидов различной вязкости, вырисовываются управляемые технологии в нефтегазодобыче. Например, на практике имеет место быть задача, когда из нефтегазовой залежи предполагается отбирать только нефть, а газ из газовой шапки не отбирается. Причем дополнительно накладывается условие неподвижности ГНК. Традиционно такая технология сопровождается созданием барьерного заводнения с нагнетанием воды на отметках ГНК с целью исключения прорывов газа в добывающие нефтяные скважины.

Согласно РД давление в газонасыщенной части равно $P_1 = (2m_г * c_1 * f_1)/S_{гнк}$,

в нефтенасыщенной зоне $P_2 = (2m_н * c_2 * f_2)/S_{гнк}$,

здесь $S_{гнк}$ - площадь газонефтяной зоны, остальные обозначения см. формулы 6,7.

С учетом условия $P_1=P_2$ (условие неподвижности ГНК), после преобразований, получаем следующее выражение: $(m_г * c_1 * f_1)/(m_н * c_2 * f_2) = 1$; (8).

Подстановка реальных значений в выражение 8 дает численный ряд значений f_1 и f_2.

Вывод: *наличие градиента частот на границе различных сред (в нашем случае нефть и газ) создает сдерживающую силу, обеспечивающую не смешивание флюидов при отборе одного из них.*

Не менее интересное решение возникает для залежей литологически (или тектонически) - экранированных с отсутствием гидродинамической связи с законтурной областью. Разработка подобного типа залежей сопровождается быстрым падением дебитов. Рассмотрим самый простой случай. На залежь пробурено две скважины. Одна скважина, добывающая с волновым источником f_1, другая скважина выполняет функцию «нагнетательной» с волновым источником, частота которого равна f_2. Причем $f_2 > f_1$. Тогда согласно РД, возникают линии тока движения флюида, вектор которых направлен к добывающей скважине с меньшей частотой. Мы не будем в рамках данной работы рассматривать классические схемы (системы) разработки с поддержанием пластового давления (ППД). Аналогия прорисовывается прямая. Скважины, выполняющие функцию ППД, оборудуются частотным излучателем со значением f_2, большим, чем добывающие со значением f_1. Предложенная система обладает известной гибкостью позволяющей менять частотный градиент, как по скважинам, исходя из их назначения, так и по направлению суммарного поля движения. Для залежей с твердо установленным фактом возобновляемости запасов УВ по проводящему каналу - тектоническому разлому, указанный выше, подход реализуется при разнесении источников по вертикальной «глубинной ординате», приближенной к зоне разуплотнения горных пород. Это позволит активизировать или оживить подток нефти к существующим залежам УВ.

О времени формирования залежей УВ.

Механистический подход. Наиболее вероятное время прохождения «кванта» массы исходного УВ вещества от мантии до местоскопления в системе фундамент-осадочный чехол (при следующих исходных данных: глубина Н=0-100 км, скорость V=0.001- 10 км/сут) составляет 0.03-300 лет. При темпах формирования (заполнения) ловушки равном 0.01-1.0% от геологических запасов, все время формирования залежи составляет от 3 до 3000000 лет, т.е. неоген-четвертичный возраст. Периоды активизации геодинамических процессов по нашим представлениям также совпадают с ритмичностью тектонических движений. Исходя из предложенной модели, система (нефтегазовая залежь) в определенный момент времени может быть открытая или закрытая. Причем только в период, когда приливные деформации, носящие периодический характер, вызывают синхронное расширение или сжатие трещинного пространства, идет подпитка УВ залежи. Открытая самовосстанавливающая система находится в равновесии до ввода месторождения в разработку, где капиллярные и гравитационные силы обеспечивают достигнутое на данный момент времени равновесие.

Ритмодинамический подход. В формулу 8 введем такое понятие как *флюидный частотный показатель* ($f_ч$) через отношение f_1/f_2, т.е. max и min отношение частот, которое имеет место быть в данное время в данном месте. Представляется, что данный показатель позволяет прогнозировать тип залежи УВ по фазовому состоянию (рис.9), а также оценить по эмпирической формуле время ($T_{ув}$, в млн. лет) формирования залежей углеводородов.

$$T_{ув} = 0,025 * f_ч ; (9).$$

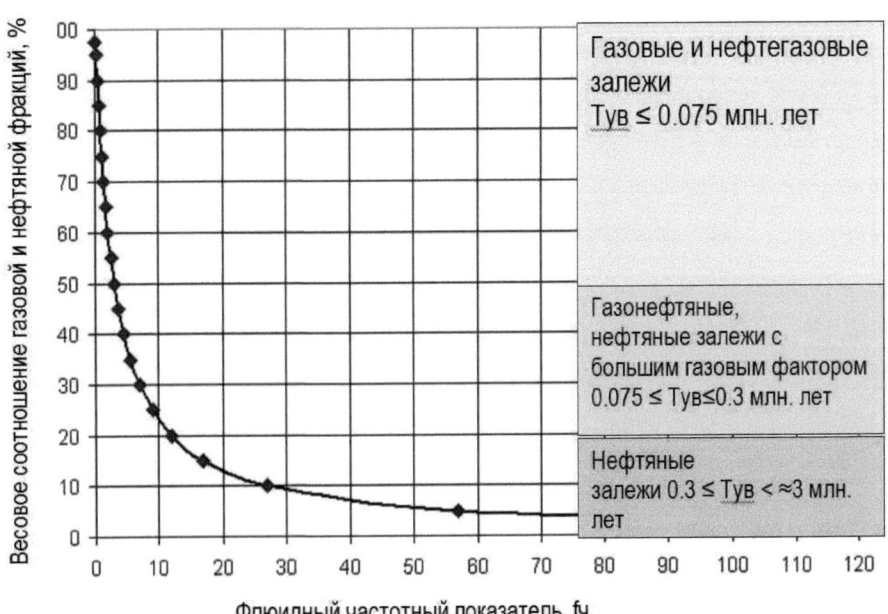

Рис.9. График зависимости частотного поля и типа залежи по фазовому состоянию.

Если восходящий поток УВ смеси подвержен волновому воздействию с частотами близкой характеристики, отличающиеся не более чем в 3 раза, то вероятность образования газовой залежи (или нефтегазовой) значительно выше, чем нефтяной. Если на путях вертикальной миграции диапазон частот находится в пределах 3-30 раз, то образуются газонефтяные (нефтяные) залежи. При значительном разбросе волнового частотного поля (min/max >30) УВ ветвь порождает нефтяную залежь с растворенным газом. Предложенная модель очень напоминает природный геолого-тектонический сепаратор, сопровождаемый частотным излучением различной интенсивности. Соотношение частот (min/max) характеризует неотектоническую активность конкретной территории в данный момент времени и несет в себе в т.ч. опосредованно качественную информацию о надежности флюидоупоров, через условия сохранности УВ залежей.

О наблюдаемых эффектах.

На этапе поисков и разведки нефти и газа успешно используется российская технология «Анчар». Авторами технологии Арутюновым С.Л. и др. теоретически и экспериментально было показано, что *«применение внешнего воздействия вызывает вынужденное излучение нефтегазовой залежи, что приводит к резкому возрастанию спектральной мощности микросейсмического излучения над залежью углеводородов в диапазоне частот 1-10 Гц».* Однако общепризнанного обоснования феноменологии эффекта на сегодня нет. Из эмпирических выводов о свойствах эффекта «Анчар» можно отметить следующий: *увеличение доли тяжелых углеводородов в месторождении приводит к сдвигу частотной полосы эффекта АНЧАР в сторону более низких частот. Иными словами, в нефтяных залежах указанный феномен проявляется на несколько более низких частотах, чем в газовых.* В работе [15] указывалось, что возникновение в телах частотного дискомфорта приводит к их автореакции, т.е. к их самодвижению в область увеличения частотной напряжённости. Для описания состояния пространства введено

понятие частотный градиент пространства, или частотная напряжённость:
$\Delta v = -\gamma M / 2cR^2$ (10).

В этом смысле Δv – частотный градиент пространства, частотная напряжённость, зависящая от массы М и расстояния R. Теперь стремление тяготеть мы можем выражать в Гц. Для Земли на уровне её поверхности $\gamma M/2cR^2 = 1.63*10^{-8}$ *Гц.* На рис.10 изображена модель массивной нефтяной залежи с геометрическими параметрами, входящие в формулу 10.

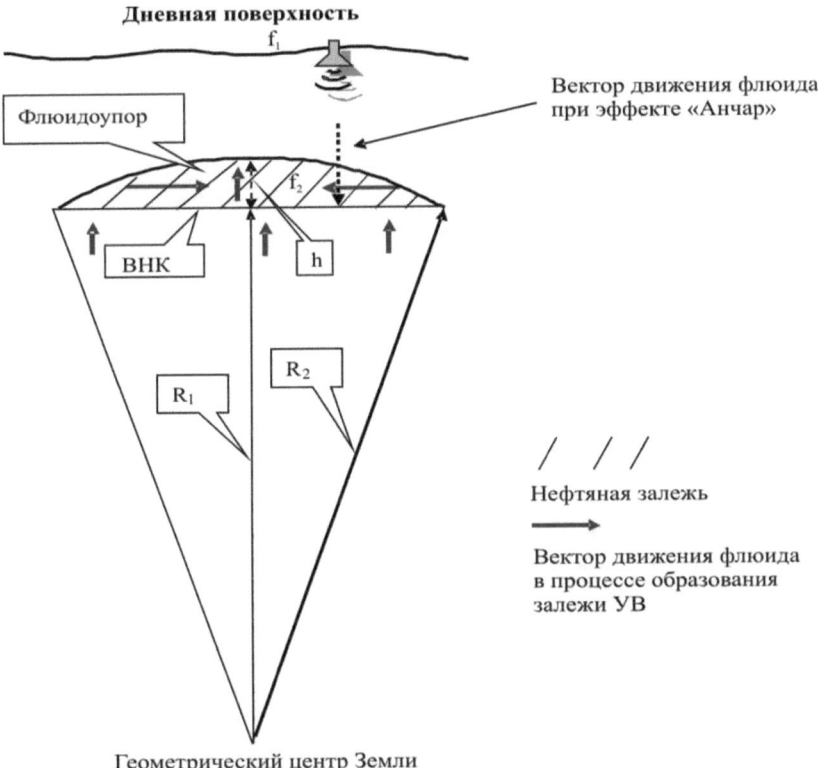

Рис.10. Модель массивной нефтяной залежи при эффекте «Анчар».

Понятно, что переменными в формуле являются расстояние (R) и высота (h) залежи. Тогда для массивной залежи можно записать следующее неравенство: $R_1+h>R_1 \geq R_2$. Для пластово-сводовой: $R_1+h>R_1>R_2$. Исходя из этого, частотная напряженность увеличивается в сторону периклинали складки (по латерали) и от свода залежи к разделу ВНК (ГНК) по вертикали. Возникающее следствие, в период формирования залежи, обеспечивает самодвижение флюидов в область увеличения частотной напряженности и на стадии достигнутого равновесия гарантирует горизонтальность раздела флюидов. Негоризонтальность ВНК, которая имеет место быть в некоторых залежах УВ, хорошо объясняется капиллярными силами или мощностью переходной зоны. Предложенная модель, как одно из следствий, объясняет эффект «Анчар». Рассогласование по частоте, это всего лишь внутренний отклик нефтегазовой залежи на излучение, которое создано присутствием Земли (f_2–фоновое значение в залежи) и тем искусственным волновым воздействием (f_1) с дневной поверхности, в которое она, вещественная система, попала (рис.10). Ситуация, образно говоря, напоминает молот и наковальню, в которой оказалась залежь. Причем техногенное воздействие, как бы сплющивает залежь сверху ($f_1 >> f_2$), нарушает равновесное состояние. И она, УВ залежь, как музыкальная струна, начинает вибрировать и отвечать на воздействие «эхом», даже после снятия волнового поля на протяжении некоторого времени. Останавливаясь так подробно на эффекте «Анчар» прежде всего, хотелось бы получить подсказку у природы: а при каких длинах волн (или при каком градиенте частот) у системы появляется тенденция к движению? В первом приближении на качественном (отчасти количественном) уровне ответ тоже есть. Для газа (прежде всего метана) коридор длин волн оценивается величиной 50-150м, для нефти таким интервалом является волны с длиной 300-800м. (рис.11). На второй вопрос, почему именно в этом диапазоне длин волн газ и нефть приобретают тенденцию к движению, попытаемся ответить ниже.

Некоторые замечания о волновых технологиях.

За многие годы существования волновых технологий (вибрационные, акустические, импульсные и т.д.) на нефтяных месторождениях России и ближнего зарубежья обработано более тысячи скважины. Результатов более чем достаточно. Что касается эффективности, то здесь получены явно полярные данные. В связи с неоднозначностью результатов, заимствованных из литературных источников представляется провести некоторый методологический анализ. Мы заранее не рассматриваем субъективную сторону данного вопроса, отражающего позицию заинтересованных лиц: недропользователей и разработчиков технологий. При ознакомлении волновых технологий, прошедших апробацию на скважинах, первое, что бросается в глаза, отсутствие физического обоснования проведения работ и системного подхода. Авторы и специалисты волновых методов увеличения нефтеотдачи пластов, в основном, работают над созданием технических средств и увеличения энерговооруженности метода.

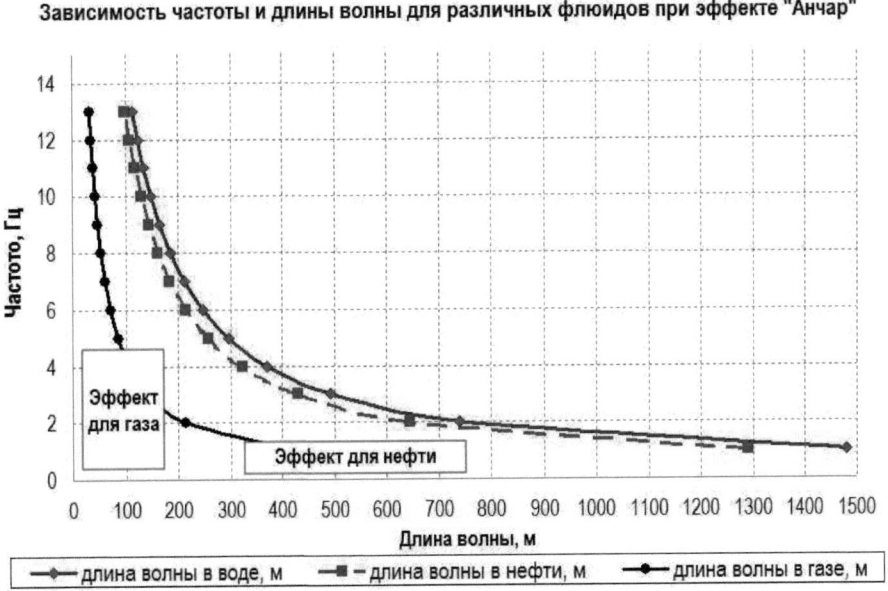

Рис.11. График зависимости частоты и длины волны для воды, нефти и газа при эффекте «Анчар».

По скважинам фиксируется как увеличение, так и снижение дебита. Обводненность продукции по скважинам также ведет себя полярно. Волновые поля инициируются как на дневной поверхности залежей, так и глубинах продуктивных пластов. Воздействие идет и на коллектор и на флюид или их свойства. Такое многообразие говорит, что идет поиск от «наблюдаемого» эффекта до возможности выйти на тиражирование технологий. Непредсказуемость результата породили у заказчика недоверие к волновым технологиям, что, безусловно, сдерживало и теоретическое развитие, и широкое внедрение.

Вывод: на сегодня наблюдаемый и прогнозируемый результат не отвечает требованиям ни теории, ни практики. Причем, как правило, наработанные волновые технологии в нефтедобыче представляют собой пассивное воздействие на геологическую среду и флюиды.

Нами предлагается на практике проверить модельные построения, выполненные в рамках РД. Сформулируем их, перефразируя Иванова Ю.Н.

• наличие у системы источников разности частот приводит к переносу заключенной **в стоячей волне энергии от источника большей частоты к источнику меньшей частоты,** т.е. является ли градиент частот первопричиной и движущей силой направляющей жидкость к забою скважины;

• если элементы системы представляют собой источники волн в волновой среде, а их упругая связь приводит к переносу заключенной в стоячей волне энергии, то любые внутренние противоречия в виде **рассогласования частот приводят к появлению у системы тенденции к движению;**

Вопросы, конечно, не ограничиваются сделанными выше замечаниями. Но не проверив основные постулаты РД на практике и не получив положительный ответ на них, нельзя идти дальше. И это еще необходимо учесть на этапе осмысления и проверки модельных построений в рамках предложенных новых технологий нефтедобычи [25].

Заключение. Представляется, что без некоторых базовых понятий все же не обойтись. Известно, что стоячая волна возникает в результате наложения двух волн, распространяющихся навстречу друг другу и удовлетворяющих некоторым условиям. В рамках РД приведены аналитические выражения, позволяющие вычислить длину стоячей волны, скорость смещения стоячей волны, частоты и т.д., обеспечивающие реализацию данного процесса. Количественно все указанные величины лежат в рентгеновском диапазоне частот, что, безусловно, не приемлемо на практике. Возможные преобразования «ритмодинамических» формул с рядом допущений позволяют выйти на практический коридор частот (длин волн). При этом появляется возможность, исходя из задач, лежащих в области разработки месторождений УВ, воздействовать на конкретные участки залежи по латерали или по вертикали. Понятно, что выполнение этих и других процедур приведет к успешной реализации нового процесса в нефтедобыче.

7. Глубинная углеводородная парадигма–альтернатива, или реальность в происхождении нефти.

Чтобы дочитать предложенную главу до конца, Вам необходимо настроиться на волну глубинного рождения нефти и подойти или приблизиться к пониманию того, что углеводороды тоже, как и все остальное в этом мире, имеют абсолютный возраст. Оперируя категориями человечества, здесь мы можем наблюдать этапы рождения углеводородов и перехода в другое состояние. Если на волне данной преамбулы к Вам не пришло состояние ожидания эвристического чуда, то лучше перелистнуть страницу без сожаления. А мы пойдем дальше.

Итак, шаг первый. О таинстве рождения.

Стадия, которую условно можно назвать как дометановая, покрыта тайной в не меньшей мере, чем таинство появления человека на Земле. И все же, некоторые штрихи можно нанести. Основные химические углеводородные (УВ) кирпичики, углерод и водород, широко представлены на всех стадиях развития Земли как планеты. Вопрос исходности химических элементов водорода и углерода на планете Земля - это прерогатива космологии. Наши знания о распространении этих двух прокирпичиков УВ в достаточном количестве в планетах земной группы не вызывают сомнения. И поэтому реакция синтеза C+H₂, не запрещенная даже сторонниками органического учения о нефти, рождает метан CH₄. В нашей Солнечной системе самым ярким примером, где текут жидкие метаново-этановые реки, является спутник Титан у планеты Сатурн. Постметановая стадия УВ уже более прозрачна и для геологов, и для специалистов, находящихся на стыке парадигмы глубинного генезиса нефти.

Шаг второй. О первых днях нефти и газа.

А вот вопрос образования главного кирпичика - метана, как самого простого молекулярного соединения углеводородов, безусловно, лежит в срезе фундаментальных знаний физики, химии и геологии. Ясно одно, в молекулярном состоянии в координатах P-T метан становиться стабильным при T≈850°К, что соответствует глубинам верхней мантии. Давайте далее отойдем от «автоклавного» мышления, где по определению всегда стоят необходимое количество всевозможных датчиков, позволяющих контролировать и управлять физико-химическими процессами многокомпонентных систем, и перейдем к реальным (или, точнее, с учетом наших знаний - модельным) геологическим координатам. Тезис 1, которым часто оперируют исследователи, гласит: *«термическая стабильность углеводородов определяется энергией Гиббса образования углеводородов из простых веществ и зависимостью этой энергии от температуры»* [26].

$$\Delta G_T^{Oобр.} = A + BT \; ; \; (11)$$

Для метана эта зависимость имеет следующий вид:

$$\Delta G_T^{Oобр.} = -79019 + 94.6T \; , \; кДж/моль; \; (12)$$

Зная уравнение зависимости энергии Гиббса от температуры, **можно найти лишь эту температуру, выше которой теоретически возможно разложение углеводородов.** Пример для метана. Если $\Delta G_{T°K}{}^{Oобр.}$ =0, то согласно уравнения (12), T=835°К.

И главный вывод, который вытекает из тезиса 1, исходя из знаний термодинамики, в частности энергии Гиббса, следующий: **если реакция термодинамически возможна в данных P-T условиях, то это не означает,**

что она реально осуществляется в геологической среде. Другими словами, реакция может осуществляться, если в данных условиях она протекает со значительной скоростью, что также означает реальное время нахождения восходящей углеводородной, еще газовой смеси, в данном геотермобарическом коридоре, достаточном для протекания гипотетических реакций. На практике мы должны помнить, что и знания наши о термобарических условиях на больших глубинах также носят вариантный, модельный характер. Фактические же значения на глубинах даже земной коры могут внести значительную интегральную погрешность в наши вычисления. А у нас, извините, иногда принимаются решения по типу: даешь свободной энергии Гиббса еще больше степени свободы или еще проще – фантазии, которая выходит иногда из-под пера профессионалов узкой специализации. Пойдем дальше. Видимо, сегодня настало уже время, когда надо признаться, что только динамическое моделирование, сравнимое с реальными физическими скоростями в геологической среде, выполняющей роль природного катализатора, отвечает реальным геолого-геохимическим процессам УВ системы на путях миграции. Иными словами, необходимо выработать единую стартовую модель поведения УВ многофазной системы, привязанной по своим условиям к верхней мантии, и, главное, подтвержденную экспериментами.

Шаг третий. О долгой и короткой жизни УВ.

В жизни углеводородной залежи от рождения и до последней капли нефти возможны следующие 2 сценария: с подтоком и без подтока новорожденной нефти. В каждом сценарии можно выделить по два подсценария, которые характеризуют сохранность залежи и ее срок жизни: с разрушением и без разрушения залежи. Скорость описываемого процесса характеризуется темпом подтока и разрушения, а эволюционным итогом в координатах причинно-следственных связей может быть или залежь УВ, или следы ее разрушения. Говоря о временной продолжительности цикла жизни месторождений нефти и газа, сторонники глубинного генезиса ограничиваются первыми миллионами лет, т.е. в геологическом летоисчислении, это неоген-четвертичный возраст.

Говоря о времени формирования залежей нефти и газа, можно привести цитату из работы [25]. *Наиболее вероятное время прохождения «кванта» массы исходного УВ вещества от мантии до местоскопления в системе фундамент-осадочный чехол составляет 0.03-300 лет. При темпах формирования (заполнения) ловушки равном 0.01-1.0% от геологических запасов, все время формирования залежи составляет от 3 до 3000000 лет.* На фактическое же время формирование залежей УВ накладывает существенный отпечаток и вязкость флюида. Так отношение вязкости нефти к вязкости газа при прочих равных условиях составляет почти два порядка, что дает преимущество по скорости формирования газовых залежей примерно в тех же пропорциях.

Шаг четвертый. О дорогах по геолого-тектоническим осям молодой и зрелой нефти.

Догматизм латерально-стратиграфического мышления не позволял исследователям выйти на естественные вещи в эволюции рождения нефти с позиций глубинного генезиса. Причем, если главную привязку с самого начала относить к активности тектонических процессов, а не к стратиграфическому адресу, как это делается «классиками» геологами, то получатся опять же иные выводы. Например: речь идет об установлении региональной зависимости содержания в нефти смол, асфальтенов, парафинов, серы и т.п. в том или ином регионе. В общем виде сравнение состава нефти по месторождениям дает ответ об едином источнике глубинной нефти. Выявленное отличие на микро- и макро- уровне показывает ее обогащение на путях вертикальной миграции, или различные катагенетические изменения практически одного стартового материнского состава CH_4, которые «она» - пранефть, приобретает на этих путях при различных РТ условиях. Так вот, если количественное содержание текущего состава нефти рассматривать в координатах очаг генерации - фундамент – осадочный чехол (или очаг генерации - продуктивный пласт), или вести ноль отсчет от кровли фундамента (а еще лучше от очага генерации) до существующих залежей УВ в осадочном чехле, т. е. по ходу движения процесса, то выявляется следующее.

Ниже на рис.12, приведен привычный график зависимости плотности нефти в пластовых условиях от глубины расположения выявленных нефтяных залежей по Пермскому Прикамью. К анализу привлекалась информация из опубликованных и открытых источников, это чуть более 1000 значений, характеризующих около 200 месторождений, т.е. выборка очень представительная. Залежи нефти приурочены к пермским, каменноугольным, девонским и вендским отложениям. В тектоническом отношении - это Предуральский краевой прогиб и восточная часть Русской платформы, осложненные тектоническими элементами низшего порядка. На графике, в желтых прямоугольниках, здесь и далее на всех рисунках, вынесен коэффициент корреляции. В данном случае он равен R= - 0.31.

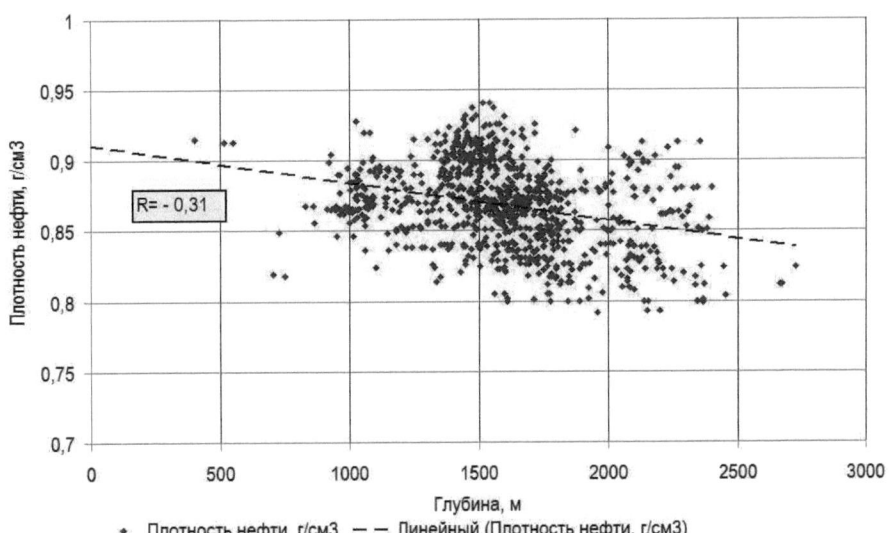

Рис.12. График зависимости плотности нефти от глубины залегания нефтяных залежей по Пермскому краю.

На рис.13 эта же выборка рассматривалась уже в других координатах: расстояние в метрах от кровли кристаллического фундамента до нефтяных залежей. Полученный коэффициент корреляции (R=0.63) позволяет уже говорить о тесной связи анализируемых параметров. Как видно на графике, нефтяные залежи выявлены в интервале расстояний от 1 до 10.6 км от кровли кристаллического фундамента.

На следующих графиках отражены зависимости содержания парафина, серы, смолы от глубины и расстояния до нефтяных залежей. На рис.14 мы видим, что содержание гетероатомных соединений практически не зависит от глубины залегания залежи, о чем свидетельствуют низкие коэффициенты корреляции. На рис.15 мы отмечаем, что содержание серы и смол зависит от расстояния, которое нефть прошла на своем миграционном субвертикальном пути до залежи, в том числе и от кристаллического фундамента, кровля которого на сегодня картируется наиболее уверенно и корректно.

Зависимость плотности нефти и расстояния от кровли фундамента до нефтяных залежей по Пермскому Прикамью.

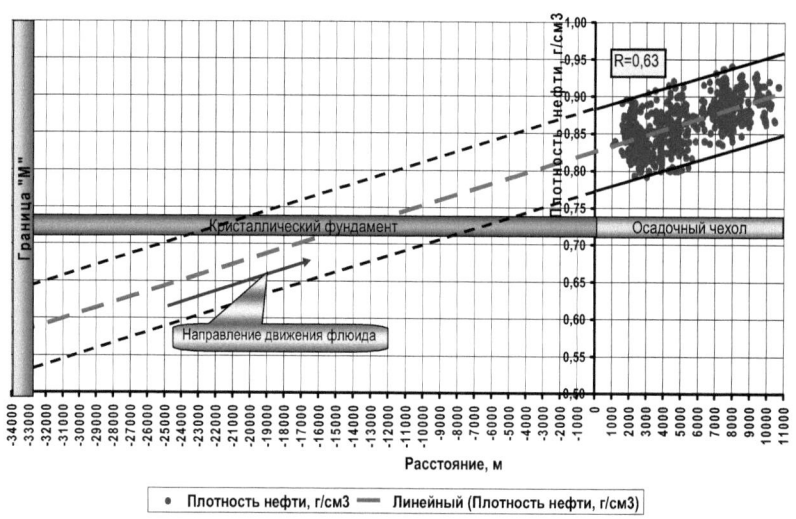

Рис.13. График зависимости плотности нефти от расстояния, измеряемого от кровли кристаллического фундамента до нефтяных залежей по Пермскому краю.

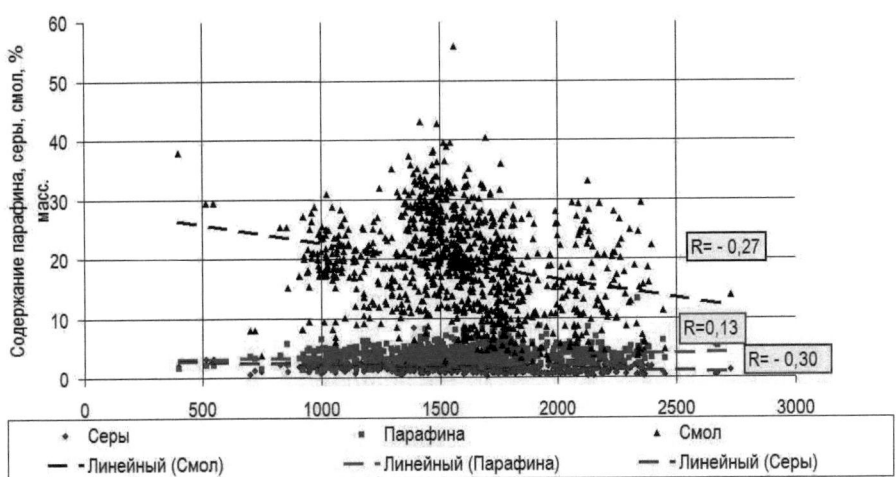

Рис.14. График зависимости содержания парафины, серы и смол от глубины залегания нефтяных залежей по Пермскому краю.

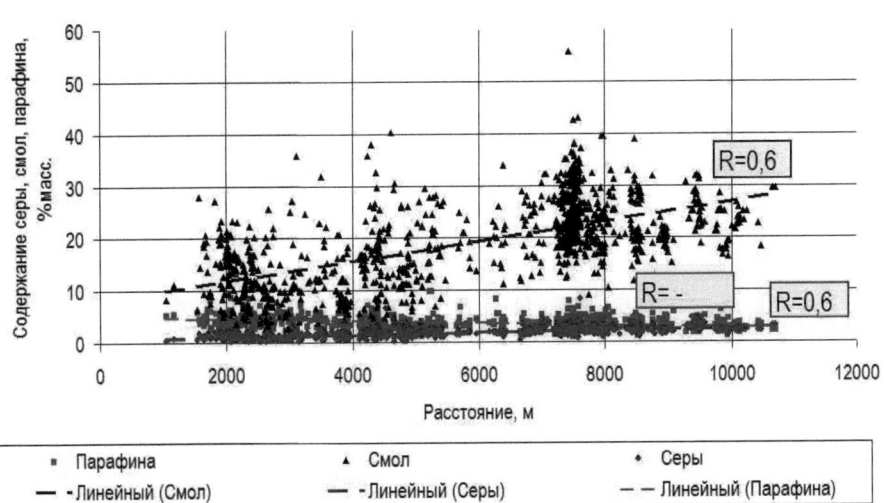

Рис.15. График зависимости содержания парафина, серы и смол от расстояния, измеряемого от кровли кристаллического фундамента до нефтяных залежей по Пермскому краю.

На следующем графике (рис.16) приведена классическая связь плотности нефти с гетероатомными соединениями, такими как сера (R = 0.76) и смолы (R = 0. 82), что представляется важным фактором, свидетельствующим об их генетическом родстве на путях миграции и рождения нефти. Парафины же подчеркивают обратно-пропорциональную зависимость от плотности при слабой связи (R = - 0.36).

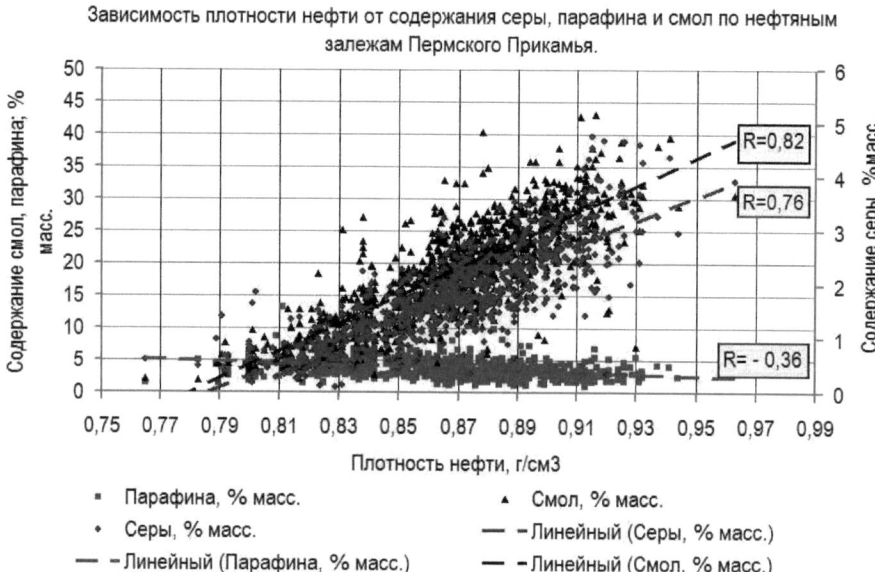

Рис.16. График зависимости плотности нефти от содержания парафина, серы и смол по нефтяным залежам Пермского края.

Осадочно-миграционная школа происхождения нефти констатирует только увеличение указанных параметров в меридиональном (в латеральном) направлении в сторону Предуральского прогиба от платформы с некоторыми вариациями в пределах тектонических структур первого порядка. Есть над чем подумать нам всем.

Генетическая цепочка местоскоплений нефти и газа, поддерживаемая последователями глубинного абиогенно- мантийного генезиса нефти, включает в себя четыре генетических звена, порождающих УВ залежи. Это в порядке реализации процессов: генерация, миграция, аккумуляция и консервация [27]. В двоичной системе алгоритмирования появление одного минуса в любом месте генетического кода приводит к отрицательному результату. Назовем это правило четырехзвенных ГМАКов (по первым буквам известных всем геологам процессов) **правилом четырех**. У всех процессов помимо объема в координатах x,y,z существует и **скорость протекания процесса** как функция времени и расстояния в геологической среде в присутствии природных катализаторов, которые и обеспечивают скорость физико-химических превращений в проводящих каналах с обогащением углеводородного флюида в т. ч. и гетероатомными соединениями нефти. В качестве иллюстрации изменения скорости процесса можно привести пример каталитического крекинга в присутствии алюмосиликатных цеолитсодержащих микросферических катализаторов, которые обеспечивают проведение процесса получения товарных бензинов за 5-10 секунд. *(До 1970 года время контакта сырья с катализатором составляло 40000-60000 секунд). При этом объем реактора превратился практически в трубу* [28]. Из данного примера важно, что на путях вертикальной миграции углеводородов в присутствии катализаторов, помимо реакций синтеза, возможны реакции и разложения уже сформировавшейся нефти с обогащением ее газоконденсатными пентан-гексановыми фракциями, что в итоге приводит к облегчению нефти.

Шаг пятый. О состоянии покоя и гидродинамического равновесия. О тектонике и неотектонике в жизни УВ. Нафтидогенез как он есть, или может быть.

На сегодня известны различные химические классификации нефтей, которые основаны на данных как количественного, так и качественного углеводородного состава с учетом присутствия в нефти также неуглеводородных компонентов. Главное место в групповом химическом составе нефтей принадлежит углеводородам - метановым, нафтеновым и ароматическим. Это обстоятельство использовано при построении химической классификации нефтей, основы которой разработаны в Грозненском нефтяном научно-исследовательском институте. При преобладании (более 75% по массе) какого-либо одного из классов углеводородов различают, во-первых, 3 основных класса нефтей, а именно:

- метановые (М>75%);
- нафтеновые (Н>75%);
- ароматические (А>75%);

Во-вторых, различают также 6 смешанных классов нефтей, в которых при ~ 50% по массе какого-либо одного класса углеводородов содержится дополнительно не менее 25% другого класса углеводородов. В названиях классов первого компонента содержится не менее 25%, второго около и более 50%.

- метаново-нафтеновые (М$\geq$25%, Н$\geq$50%);
- метаново-ароматические (М$\geq$25%, А$\geq$50%);
- нафтено-метановые (Н$\geq$25%, М$\geq$50%);
- нафтено-ароматические (Н$\geq$25%, А$\geq$50%);
- ароматически-метановые (А$\geq$25%, М$\geq$50%);
- ароматически-нафтеновые (А$\geq$25%, Н$\geq$50%);

В смешанном (10) классе нефти (М-Н-А) все классы углеводородов содержатся примерно поровну, т.е. около 25-30%. Класс нефти по групповому химическому составу углеводородов условно определяют не во всей пробе, а только в ее погонах, выкипающих до 300°С.

Групповой химический состав нефти зависит и несет в себе информацию о плотности и молекулярной массе, а также динамическую и статическую (отчасти) геотермобарическую нагрузку геологической среды, в которой двигались и менялись углеводородные кирпичики.

При сверхвысоких давлениях (Р>1000МПа, Т>500°С) на мантийных глубинах свыше 70 километров флюиды представлены в основном газами, и они как бы не подчиняются классическим законам для газа:

• Плотность газа становиться соизмерима с плотностью жидкости и приближается к плотности вмещающих горных пород. Покажем это на следующем примере. Плотность газа при искомых Т и Р определяется по формуле: $\rho = \rho_{{\scriptscriptstyle H}}(P*T_{{\scriptscriptstyle H}})/(P_{{\scriptscriptstyle H}}*T*Z)$ (13),

где $T_{{\scriptscriptstyle H}}$ и $P_{{\scriptscriptstyle H}}$ –температура и давление при стандартных условиях (T=293°К, Р =0.1 МПа), тогда при T=850°К и P=1000МПа, при плотности метана в стандартных условиях, равной $\rho_{{\scriptscriptstyle H}}$ =0.67 кг/м^3, при коэффициенте сверхсжимаемости газа Z ≈ 2÷4, плотность метана при данных условиях составит 550÷1100 кг/м^3. Увеличение давления в три раза (такие глубины также лежат в плоскости рассматриваемого вопроса) приведет к тому, что плотность метана приблизиться к плотности вмещающих горных пород и составит около 3000 кг/м^3. Запомним этот гипотетический факт. Приведенный расчет носит оценочный характер ввиду того, что все виды классических уравнений для нахождения свойств газов в области сверхвысоких давлений дают большую погрешность, или, если быть точнее, не описывают данную область давлений. В приведенном примере это касается в первую очередь коэффициента сверхсжимаемости газа.

• Скорость распространения звука в сверхсжатом газе при этих условиях увеличивается в разы и достигает значений как в жидкости (более 1500м/с).

• При указанных выше условиях в процессе движения газовой смеси происходит дросселирование и инверсия коэффициента Джоуля-Томпсона с необычным эффектом, приводящим к повышению температуры восходящего потока. (В привычной области Т-Р условий разработки газовых залежей идет другой процесс со значительным охлаждением потока газа с градиентом падения температуры примерно 3 градуса на каждые ΔР=1 МПа).

• Движущей (подъемной) силой флюидного газового «слоя» является сила Архимеда $F = g*\Delta\rho*V$ (14). Разность плотностей Δρ поднимающего газового объема V и окружающей геологической среды, как мы знаем, зависит от различия их температур. Вещество в объеме (V) должно быть горячее окружающей среды. По сделанным выше оценкам, такие условия вполне могут иметь место для возникновения классического конвекционного движения газа на глубинах верхней мантии в поле тяжести Земли.

• Представляется, что эволюционной мерой развития Земли и ее последующая дифференциация на геосферы, в т.ч. и внутри геосфер, на всех этапах была и остается плотность вещества. В работе [15] указывалось, что возникновение в телах частотного дискомфорта приводит к их автореакции, т.е. к **их самодвижению в область увеличения частотной напряжённости**. Для описания состояния пространства введено понятие частотный градиент пространства, или частотная напряжённость: $\Delta v = -\gamma M / 2cR^2$ (15). В этом смысле Δv – частотный градиент пространства, частотная напряжённость, зависят от массы M и расстояния R. В нашем случае, сравнивая частотный градиент окружающей геологической среды и флюидного вещества, отмечаем большую разницу по массе в пользу геологической среды, а значит, и более высокое значение частотного градиента пространства. Данный факт в рамках ритмодинамики гарантирует расширение генерационного газового пространства. Вышесказанное можно резюмировать в виде следствия.

Следствие 1. Представляется, что соизмеримость плотности газового флюида и вмещающих горных пород на глубинах верхней мантии, находящихся в вязко-пластичном состоянии, а также идущий параллельный процесс, сопровождающийся повышением температуры восходящего потока, создают емкостное генерационное пространство с последующим накоплением большого миграционного объема УВ. И этот газовый плюм, «всплывая», согласно подъемной силе Архимеда, к границам астеносферы, рано или поздно достигнет границы уже кристаллических горных пород и спровоцирует тектонические подвижки консолидированной земной коры с возникновением разломов и, что нам важнее, проводящих каналов. Может быть этот газовый плюм, достигнувший критических величин, и есть тот спусковой механизм зарождающего гипоцентра землетрясения?

К анализу и последующей обработке классов нефти была привлечена информация по фактическим данным, наработанная к концу 80-х годов по территории Пермского Прикамья и обобщенная в работе [29]. База данных включала на указанную дату 285 нефтяных залежей, охарактеризованных по классу нефти. По встречаемости и частоте в рамках выше предложенной классификации были описаны 6 классов нефти: 1кл. – 5 залежей, 2кл.-41 зал., 3кл.-46 зал., 5кл.-184 зал., 7кл.-8 зал., 8кл.-1 залежь. Классы нефти 4,6,9,10 по первоисточнику [29] на территории Прикамья не встречены. Далее выдержка из этой же работы: «*Рассмотрение изменения группового состава нефтей в отдельных районах нефтегазонакопления и месторождениях показывает, что справедливость «закона возраста» по материалам Пермского Прикамья спорна*». Без комментариев.

Интересно также отметить следующее замечание, встреченное в литературных источниках, что нефти типа МА (кл.7) и АМ (кл.3) в природе не обнаружены. В нижеприведенной таблице и выше по тексту мы видим, что это не так. В последующем базовая информация была дополнена еще 10 значениями по не встреченным классам нефти. Эта дополненная база данных по классам нефти и стала основой для создания таблицы 3 и рис. 17.

На диаграмме (рис.17) отображена графическая взаимосвязь группового химического состава нефти как частный случай (в общем случае правильнее говорить о флюидах) с ее плотностью при пластовых условиях, совмещенную с термобарическими условиями нахождения этих флюидов в геологической среде с привязкой их к гипотетическому генерационному пространству со значением «ноль отсчет». Все эти соотношения в указанных координатах группируются в некую последовательность, которую предлагается назвать **главной абиогенно-глубинной последовательностью нафтидов (ГАГПН)**. Искушенный читатель отметит некоторое сходство подходов, реализованное в начале 20 века в известной космологической диаграмме Герцшпрунга-Ресселла, описывающей главную звездную последовательность через спектральный класс, абсолютную звездную величину и эффективную температуру в эволюции звезд [30]. Можно только похвалить просвещенного читателя, отметившего этот параллелизм процессов, происходящих на Земле и в Космосе.

Таблица 3.

Условный номер класса нефти	Класс нефти	Плотность нефти, г/см3. Min-Max Среднее	Среднее расстояние от фундамента до нефтяной залежи, м	Средняя глубина до нефтяной залежи, м	Среднее содержание серы, % масс.	Среднее содержание парафинов, % масс.	Среднее содержание смол, % масс.
1	М	0.70-0.80 0.75	2674	2126	0.52	3.35	3.89
2	МН	0.80-0.839 0.819	2852	2341	0.68	4.45	7.48
3	АМ	0.822-0.896 0.851	5417	1478	1.53	4.66	14.1
4	НМ	0.84-0.86 0.853	5757	1500	1.75	4.2	17.0
5	МНА	0.831-0.924 0.871	6067	1512	1.98	3.95	19.18
6	Н	0.87-0.89 0.88	6400	1609	2.0	3.51	21.8
7	МА	0.891-0.899 0.893	2438	1311	1.78	3.67	23.1
8	АН	0.90-0.91 0.905	7625	1511	2.7	2.8	26.6
9	НА	0.91-0.94 0.920	8153	1462	2.8	2.9	29.8
10	А	0.94-0.96 0.95	8300	1500	3.2	2.9	30.0

Главная абиогенно-глубинная последовательность нафтидов.

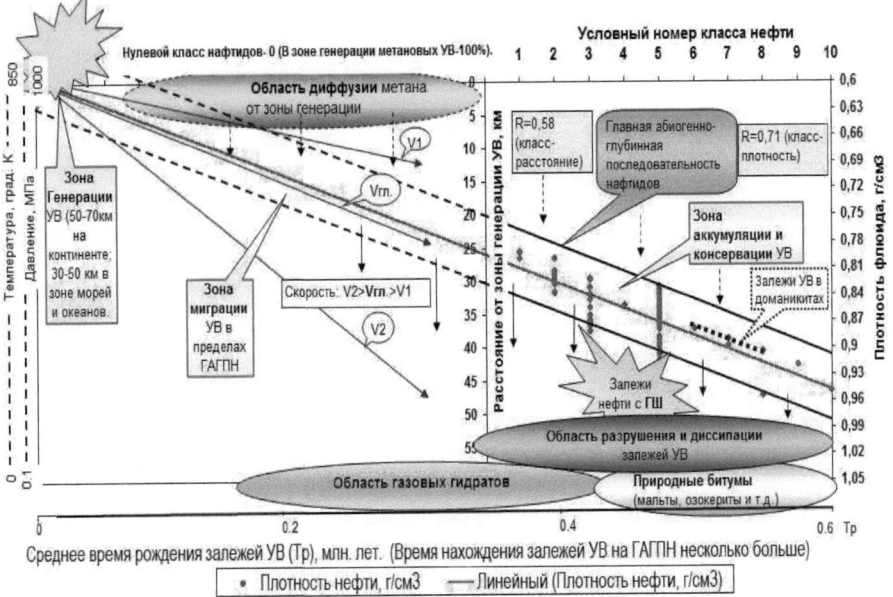

Рис.17. Диаграмма главной абиогенно - глубинной последовательности нафтидов, связывающая групповой химический состав нефтей, плотность флюида и расстояние от зоны генерации УВ. Условный номер класса нефти, вынесенной на диаграмму, соответствует классу нефти в таблице 3.

Групповой химический состав нефти и ее плотность определяются в основном Т-Р условиями и временем нахождения флюидного потока на главной глубинной последовательности. Также, исходя из предложенной модели, на тетраграмму были наложены такие важные физические параметры как время и скорость процесса. Как видно на рисунке большая часть залежей УВ находиться в пределах полосы (ширина полосы порядка 0.05-0.1 плотности флюида), секущей диаграмму по диагонали. Эту полосу предлагается назвать последовательностью нормальных УВ залежей.

Линейная экстраполяция плотности флюида позволила спрогнозировать гипотетическую зону генерации УВ на границе земной коры и мантии при условии, что плотность метана в зоне генерации составляет около 550÷650 кг/м³ и будет соизмерима с плотностью жидкости (конденсата). Этим условиям, согласно сделанным выше расчетам, отвечают следующие Р-Т значения: Т≈850°К и Р≈1000МПа, которые и принимаются за точку «ноль отсчет». Эволюция УВ скоплений на ГАГПН описывается эволюционными кривыми (треками) и определяется в основном временем, при котором нефть находится на своем эволюционном пути в геологической среде между смежными тектоническими циклами или активацией тектонических процессов во временном интервале до миллиона лет. Вне ГАГПН и ниже ее, чаще уже в осадочном чехле, находятся УВ залежи, имеющие газовые шапки, которые сошли (или сходят) с главной последовательности нафтидов. На представленном рисунке они сгруппировались в 3 и 5 классе нефти. В силу повторяющихся тектонических циклов формируется также область залежей с повышенным содержанием гетероатомных соединений нефти (сернистых, кислородо- и азотосодержащих, смолисто-асфальтеновых соединений), что выражается прежде всего в повышении плотности нефти и потере легких фракций. Характерными примерами являются единичные залежи (класс 8), выявленные в кровле вендских отложений на западе Пермского края и Удмуртии. ГАГПН характеризуется прежде всего наличием в прошлом или в настоящем проводящих каналов от зоны генерации до зоны консервации. Если тектонические процессы в контуре месторождения нарушают локальную покрышку и верхний региональный флюидоупор, то залежи нефти и газа вступают в стадию разрушения и диссипации УВ с образованием битуминозной составляющей горных пород. Выходы нефти и газа на земную поверхность как раз свидетельствуют о данной стадии в жизни месторождения. Представляется, что 3/4 жизни залежи нефти и газа находятся в области ГАГПН, включая и время рождения, а меньшая часть всего временного цикла характеризует область разрушения. Эволюционным финалом УВ вне ГАГПН логично сгруппировались природные битумы. Особую область образования-существования вне ГАГПН дают газогидратные залежи (ГЗ), которые очень широко представлены в земной коре. Газовые гидраты (ГГ) как метастабильные

66

клатратные соединения в зависимости от тектонических (читай, как следствие направленности геологических) процессов могут выбрать консервационный сценарий или подвергнутся разрушительному процессу. Об этом написано достаточно много работ в т. ч. и в рамках Кудрявцевских чтений [31].

Рассматривая доманикиты (аналог доманикитам - бажениты в Сибири) в ракурсе представленной модели, являющиеся в органическом учении генезиса нефти нефтегазоматеринскими, и, которым отводиться роль главного донора всех выявленных залежей нефти и газа, и в связи с развитием абиогенного генезиса УВ необходимо отметить следующее. По литологическому составу данный комплекс пород в первую очередь можно рассматривать как региональный флюидоупор. С другой стороны накопление осадочного материала рассматриваемого комплекса происходило в морских условиях с длительным прогибанием территории, а значит с активной тектонической деятельностью и возникновением разломов как секущих, так не пересекающих придонный осадочный материал, не подвергшийся еще диагенезу.

Г.А. Беленицкая в работе [32] определяющую роль генезиса черных сланцев с аномально высокими концентрациями органического вещества (до 20-30% и более) отводит разгрузкам углеводородов. Главным седементационным итогом нефтяной разгрузки является тонкий слоек темных отложений нафтогенной природы. В случаях многократной повторяемости масштабных нефтяных разгрузок уже в геологическом времени тонкие слойки накапливают довольно мощные комплексы доманикитных пород. В Пермском Прикамье мощность собственно доманикового горизонта составляет 40-50 метров. Представляется, что феномен нефтегазоматеринства не более чем своеобразный комплекс горных пород аккумулирующий (еще точнее по процессу-биотрансформатор) в себя выходы УВ в водной среде с последующей переработкой природных флюидных разгрузок, это, во-первых. Во-вторых, идущая диффузия газов уже в геологическом времени подпитывает этот региональный флюидоупор-аккумулятор снизу. На рис. 17 единичные залежи в доманиковом горизонте Пермского края показаны черным пунктиром. Видно,

67

что залежи встроены в общую ГАГПН. Поняв проблему феномена генезиса доманикитов, мы получим еще одно понятийное звено в генезисе УВ. Тем более что площадные литологические поля распространения доманикитных формаций в Пермском крае не всегда присутствуют там, где имеются месторождения нефти и газа по разрезу [33]. Ручное наложение данных (плотности и класса нефти на представленный график рис.17) по некоторым месторождениям ближнего и дальнего зарубежья показало генетическую общность представленной модели, т.е. получено подтверждение, что эволюционный статус залежей нефти и газа обусловлен главным образом химическим составом УВ, тектонической ситуацией, Т-Р условиями и геологической средой.

Вместо заключения. Не стоит думать, что изложенная выше глубинная углеводородная парадигма в происхождении нефти и газа и есть истина в последней инстанции. К этой модели, как и к любой другой, стоит относиться с сомнением, потому как последнее порождает желание проверить предложенную модель новыми (и старыми) известными фактами. И если предложенная модель как **главная абиогенно-глубинная последовательность нафтидов** выдержит проверку, то это будет неоспоримым свидетельством ее генетической адекватности описываемых процессов, происходящих на путях рождения нефти. Если же будут найдены другие факты и закономерности, то это будет также означать, что у исследователей и сторонников глубинного нефтегазорождения есть возможность сформулировать иную, более адекватную парадигму глубинного генезиса углеводородов [34].

Так в пределах Пермского края Калтасинского авлакогена в нижнем структурном осадочном чехле рифей-вендских отложениях, имеющих мощность до 10 км, на основе прогнозных показателей глубинного генезиса нефти намечено несколько высокоперспективных участка размерами 10*7 км каждый на открытие месторождений нефти и газа.

В конце сентября текущего года в Карском море скважиной «Университетская-1» было открыто месторождение УВ под символичным названием «Победа». На основе предложенной выше глубинной углеводородной парадигмы с учетом данных полученных из СМИ можно спрогнозировать следующее:

Полученный флюид относиться к первому условному номеру класса нефти, т.е. метановый класс нефти с содержанием серы менее 0.5 % масс, смол не более 4% масс., плотность флюида (нефти или конденсата?!) около 700кг/м^3. Тип залежи тектонически - (или литологически) экранированный. Фазовое состояние УВ природный газ +конденсат (нефть?) с газоконденсатным фактором более 200г/м^3. Академическая наука проводит границу между легкой нефтью и конденсатом часто условно. Залежь можно назвать как нефтеконденсатногазовая (т.е. большая газовая шапка с нефтеконденсатной оторочкой). Зона генерации УВ находиться на глубине 25-30км. Осталось только дождаться официальных данных от представителей осадочно-миграционной школы происхождения нефти.

Литература

1. Истомин В.А., Якушев В.С. Газовые гидраты в природных условиях. М.: Недра, 1992. 236 с.

2. Гаврилов В.П., Дзюбло А.Д., Поспелов В.В. и др. Геология нефти и газа - 1995.- № 4.

3. Индукаев Ю.В. Неорганическая (эндогенная) концепция генезиса нефтяных и газовых месторождений и необходимость расширения набора поисковых признаков, позволяющих прогнозировать новые нефтегазоносные площади. Новосибирск: СНИИГГ и МС, 2004.

4. Поспелов В.В. Кристаллический фундамент: геолого-геофизические методы изучения коллекторского потенциала и нефтегазоносности. М.: РГУ нефти и газа И.М.Губкина, 2005.

5. Тимурзиев А.И. Современное состояние практики и методологии поисков нефти - от заблуждений застоя к новому мировоззрения прогресса. // Геология, геофизика и разработка нефтяных и газовых месторождений. - М.: ОАО «ВНИИОЭНГ», 2010.-N11.

6. Козлов С.В. Гидратное перемирие в происхождении нефти и газа // Материалы Всероссийской конференции с международным участием, посвященной 100-летию со дня рождения академика П.Н. Кропоткина. – М.: ГЕОС, 2010. – С.228-232.

7. Козлов С.В. О роли гидротермобарического барьера в эволюции газовых гидратов // Сборник материалов Всероссийской научно-практической конференции. Теоретические и практические аспекты исследований природных и искусственных газовых гидратов, Якутск: Ахсаан, 2011. – С.86-94.

8. Козлов С.В. Способ утилизации нефтяного и природного газа // Сборник материалов Всероссийской научно-практической конференции. Теоретические и практические аспекты исследований природных и искусственных газовых гидратов, Якутск: Ахсаан, 2011. – С.94-96.

9. Котелкин В.Д., Лобковский Л.И. Общая теория Мясникова эволюции планет и современная термомеханическая модель эволюции Земли. Журнал «Геотектоника» 2007, № 1.

10. Хаин В.Е. О главных направлениях в современных науках о Земле. Вестник Российской Академии Наук, 2009, том 79, N1, с.50-56.

11. Злобин Т.К. Геодинамические процессы и природные катастрофы: -Южно-Сахалинск:СахГУ, 2010.-228с.

12. Иванов Ю.Н. Ритмодинамика. -М.: ИАЦ Энергия, 2007.

13. Дмитриевский А.Н. Энергетика, динамика и дегазация Земли. Электронный научный журнал, Выпуск 1(1),2010, www.oilgasjournal.ru.

14. Nolet, G., Karato, S.-I. & Montelli, R., 2006. Plume fluxes from seismic tomography, Earth planet. Sci. Lett., 248, 685–699.

15. Козлов С.В. Глубинная геодинамика и природные процессы миграции УВ в условиях мантии и земной коры. Современное состояние теории происхождения, методов прогнозирования и технологий поисков глубинной нефти. 1-е Кудрявцевские Чтения. Материалы Всероссийской конференции по глубинному генезису нефти. М.:, ЦГЭ, 2012.

16. Козлов С.В. Нефтегазовое мышление как основа прогнозирования типа УВ залежи // Материалы Международной научной конференции. Перм. гос. нац. иссл. ун-т; Естественнонаучн. ин-т. – Пермь, 2011. - с.83-87.

17. Тимурзиев А.И. К созданию новой парадигмы нефтегазовой геологии на основе глубинно-фильтрационной модели нефтегазообразования и нефтегазонакопления // Геофизика. – 2007. – N4. – С. 49-60.

18. Каракин А.В., Курьянов Ю.А., Павленкова Н.И. Разломы, трещиноватые зоны и волноводы в верхних слоях земной оболочки. – М.: Государственный научный центр Российской Федерации – ВНИИгеосистем, 2003.

19. Копылов И.С. Теоретические и прикладные аспекты учения о геодинамических активных зонах // Современные проблемы науки и образования. – 2011. № 4; URL: www.science-education.ru/98-4745 (дата обращения: 29.09.2011).

20. Козлов С.В., Копылов И.С. Прогнозирование нефтегазоносности осадочного чехла на основе неотектонической модели нафтидогенеза. Природные физико-химические условия и процессы преобразования и мобилизации мантийных C-H-N-O-S систем в углеводороды нефтяного ряда. Исходное вещество и очаги генерации, механизм и каналы вертикальной миграции глубинной нефти. -2-е Кудрявцевские Чтения. Материалы Всероссийской конференции по глубинному генезису нефти и газа. М.: ЦГЭ, 2013. 457с.

21. Плотникова И.Н., Усманов С.А., Шарипов Б.Р., Делев А.Н., Ахметов А.Н. Геоинформационные подходы к изучению современной геодинамики и возобновляемости запасов нефти Ромашкинского месторождения. Современное состояние теории происхождения, методов прогнозирования и технологий поисков глубинной нефти. 1-е Кудрявцевские Чтения. Материалы Всероссийской конференции по глубинному генезису нефти. М.:, ЦГЭ, 2012.

22. Мирзоев К.М. и др. Приливные деформации земной коры как природный насос для увеличения нефтеотдачи пластов. Научно-технический вестник, Каротажник, вып.2, Тверь, 2011.

23. Козлов С.В., Хрняк С.Д. Добыча природного газа на территории Пермского края в вопросах и ответах. Пермь: Изд. Ай Кью Пресс. 2012.

24. Кузнецов О.Л., И.А. Чиркин И.А., Штык А.В. Инновационные сейсмоакустические технологии для разведки и разработки месторождений. Бурение и нефть, N2, 2010.

25. Козлов С.В. О ритмичности самовосстанавливающихся систем в нефтедобыче и процессах разработки месторождений углеводородов с позиций глубинного генезиса. Электронный журнал "Глубинная нефть". Том 1. №5. 2013. с. 684-693. URL: http://journal.deepoil.ru/images/stories/docs/DO-1-5-2013/7_Kozlov_1-5-2013.pdf

26. Рябов В.Д. Химия нефти. М.: ГАНГ, 1998, 369с.

27. Тимурзиев А.И. Современное состояние теории происхождения и практики поисков нефти: тезисы к созданию научной теории прогнозирования и поисков глубинной нефти. Электронный журнал "Глубинная нефть". Том 1. №1. 2013.

c.18-44. URL: http://journal.deepoil.ru/images/stories/docs/DO-1-1-2013/4_Timurziev_1-1-2013.pdf

28. Томас Ч., Томас Дж. Промышленные каталитические процессы и эффективные катализаторы. –Мир, 1973.

29. Виниковский С.А., Шаронов Л.В. Закономерности размещения и условия формирования залежей нефти и газа Волго-Уральской области. Том 2. Пермская область и Удмуртская АССР. Камское отделение ВНИГНИ. М., «Недра», 1977, 272 с.

30. Физика Космоса: Маленькая энциклопедия /Редкол. : Р.А. Сюняев (Гл. ред.) и др. -2-е изд., перераб. и доп. -М.:Сов. Энциклопедия, 1986-783 с., ил.

31. Козлов С.В. Гидротермобарический барьер в эволюции УВ для условий океанической коры. Современное состояние теории происхождения, методов прогнозирования и технологий поисков глубинной нефти. 1-е Кудрявцевские Чтения. Материалы Всероссийской конференции по глубинному генезису нефти. М.:, ЦГЭ, 2012.

32. Беленицкая Г.А. Черные сланцы как производные глубинных нафтидных разгрузок и хранилища их меток. Природные физико-химические условия и процессы преобразования и мобилизации мантийных C-H-N-O-Sсистем в углеводороды нефтяного ряда. Исходное вещество и очаги генерации, механизм и каналы вертикальной миграции глубинной нефти. -2-е Кудрявцевские Чтения. Материалы Всероссийской конференции по глубинному генезису нефти и газа. М.: ЦГЭ, 2013. 457с.

33. Сулима А.И. Геология и нефтегазоносность верхнедевонско-турнейского карбонатного комплекса юго-востока Пермского края // Нефтяное хозяйство.-2011.-N10.-с.43-48.

34. Козлов С.В. Глубинная углеводородная парадигма-альтернатива, или реальность в происхождении нефти. (Научно-популярная версия). Электронный журнал "Глубинная нефть". Том2. №6, 2014. http://journal.deepoil.ru/images/stories/docs/DO-2-6-2014/1_Editorial_Article_2-6-2014.pdf

Printed by Books on Demand GmbH, Norderstedt / Germany